城市水环境
与水生态研究与实践

张书函 孙凤华 黄俊雄 等 著

中国水利水电出版社
www.waterpub.com.cn

·北京·

内 容 提 要

本书主要介绍北京市城市水环境治理与水生态提升方面的研究与实践成果，主要内容包括：绪论、城市水文过程与产污规律、城市地表径流污染源头减控、城市径流过程调控、城市水体水质改善与生态提升、城市水环境与水生态智慧化协同管控。

本书既有基本规律探索，又有实用技术研发，还有实际工程的应用，内容翔实、图文并茂，可为从事城市水文、水环境与水生态研究和技术应用与管理的人员提供有效参考。

图书在版编目（ＣＩＰ）数据

城市水环境与水生态研究与实践 / 张书函等著. --
北京 ： 中国水利水电出版社，2023.8
ISBN 978-7-5226-1600-1

Ⅰ．①城… Ⅱ．①张… Ⅲ．①城市环境－水环境－生态环境建设－研究－中国 Ⅳ．①X321.2

中国国家版本馆CIP数据核字(2023)第119322号

书　　名	城市水环境与水生态研究与实践 CHENGSHI SHUIHUANJING YU SHUISHENGTAI YANJIU YU SHIJIAN
作　　者	张书函　孙凤华　黄俊雄　等　著
出版发行	中国水利水电出版社 （北京市海淀区玉渊潭南路1号D座　100038） 网址：www.waterpub.com.cn E-mail：sales@mwr.gov.cn 电话：(010) 68545888（营销中心）
经　　售	北京科水图书销售有限公司 电话：(010) 68545874、63202643 全国各地新华书店和相关出版物销售网点
排　　版	中国水利水电出版社微机排版中心
印　　刷	清淞永业（天津）印刷有限公司
规　　格	184mm×260mm　16开本　12.5印张　304千字
版　　次	2023年8月第1版　2023年8月第1次印刷
印　　数	0001—1000册
定　　价	**128.00元**

《城市水环境与水生态研究与实践》
参 编 人 员

于 磊	张 蕾	战 楠	楼春华	杨兰琴	严玉林
顾永钢	熊 瑛	李其军	孟庆义	李 垒	黄炳彬
李添雨	薛万来	张耀芳	李兆新	郑凡东	常国梁
薛知宜	李永坤	杨默远	邸苏闯	陈 楠	杨 浩
石建杰	卢亚静	胡秀林	赵立新	赵 飞	陈建刚
汪元元	林跃朝	龚应安	韩 丽	侯 德	王培京
王建慧	马 宁	李 昌	高 琳	詹莉莉	曹天昊

　　构建健康城市水环境和水生态，是落实党的二十大报告中"推动绿色发展，促进人与自然和谐共生"和"加快构建新发展格局，着力推动高质量发展"任务关于城市建设有关要求的重要措施。北京作为较早开展城市水环境治理和水生态修复的城市，通过30多年的研究和实践探索了一条特色鲜明的水环境治理和水生态提升的道路。北京市水科学技术研究院在改善首都水环境和提升河湖水生态领域开展了一系列深入系统的研究和实践，为首都城市建设中的水环境改善和水生态提升做出了重要贡献。

　　城市水环境改善和水生态提升是一项系统工程。城市河湖等水体的污染问题表象在水里，根源在岸上。因此，需要明晰城市水文过程规律，从包括各类建筑与小区、各类下垫面的源头进行径流减控与污染削减，在雨水汇流和径流传输过程采取有效措施进行调节和净化，使雨水较为清洁地排入河湖。进入河湖的雨水与河湖自身原有的水体进行混合，并与水体的底泥、植物、动物、微生物发生一系列复杂的物理、化学和生物作用，需要通过科学实用的流态调控、生物管控、淤泥治理、生境构建等技术措施改善和维持水体水质，进而提升河湖水生态健康水平。

　　本书以北京市水科学技术研究院的相关研究成果和实践应用经验为基础，总结北京城市水环境与水生态方面的研究成果和实用技术，共分为八章进行介绍。第1章为绪论，介绍研究背景、城市水环境与水生态特点、城市水环境与水生态的主要问题、城市水生态环境领域研究现状和北京城市水环境与水生态研究历程；第2章为城市水文过程与产污规律，介绍城市水文过程监测方法和监测体系、源头减排设施的降雨径流特征、径流调控区域的水文过程规律和城市地表产污规律；第3章为城市地表径流污染源头减控，分别介绍了屋面、绿地、铺装地面、城市道路和三种建筑与小区的径流减控与污染削减技术；第4章为城市径流过程调控，介绍了管网径流过程调控、利用绿地坑塘调控城市径流、合流制溢流污染控制的技术方法；第5章为城市水体水质改善与生态提升，介绍了水体水质改善、河湖淤积治理、水生植物管控、水生态系统构建的实用技术，以及浅水湖泊水生态系统构建和城市河道生境构建的实例；第 6 章城市水环境与水生态智慧化协同管控，介绍了海绵城市智慧化管控平台、水生态环境智慧监测技术、智慧排水管理方案和厂网河一体化调控的设想。

本书的编写和出版得到了"基于水生生物健康栖息的河流生态修复示范"项目的支持。另外，本书还参考了其他单位及个人的研究成果，均已在参考文献中列出，在此一并表示诚挚的感谢。

由于时间仓促，水平有限，书中欠妥及谬误之处敬请读者批评指正。

作者

2023 年 6 月

目 录

第 1 章

绪　　论

2017 年，习近平同志在十九大报告中强调，中国特色社会主义进入新时代，我国社会主要矛盾已经转化为人民日益增长的美好生活需要和不平衡不充分的发展之间的矛盾。以"水清岸绿、鱼翔浅底"为主要特征的健康城市水环境和水生态，是城市人民向往的美好生活的重要组成部分。北京市自 20 世纪 80 年代末开展水污染治理以来，逐步掌握了城市水环境与水生态的特点，针对主要的城市水环境与水生态问题，在水生态监测与评价、河湖水系规划与水资源调配、水环境治理与生态修复等领域取得了一些列成果，并在首都城市建设和改善首都水环境、提升河湖水生态的实践中得到应用和发展。

1.1　城市水环境与水生态特点

河湖水系是城市水环境与水生态的主要载体。城市的发展影响了河湖的水环境质量，扰动了水体的生态系统。本书所研究的水环境与水生态是指城市河湖水系的水环境与水生态。城市河湖水系的水环境包括水体的水质状况、形体状况以及与周边环境的物质与能量交换状况。城市河湖水系的水生态是水体中各类生物的生命与生存状态。水环境决定着水生态，水生态又影响着水环境，两者密不可分，总体上目前的城市水环境与水生态存在如下特点。

1.1.1　源头污染复杂多样

城市水环境污染物来源的复杂性源于多方面的因素，包括建筑物类型和下垫面种类的差异等。

（1）对于建筑物类型而言，不同类型的建筑物、建筑物结构和材料、建成区和在建区等都会产生不同类型的污染物。

1）城市建筑物类型根据功能的不同，污染物来源也不同。不同功能的建筑物在污染物种类和数量上都存在差异，例如工业区、住宅区、商业区、医院等建筑物都有不同污染物形式，工业区内的厂房可能会排放含重金属的废水，而住宅区内则会产生生活污水。

2）建筑物结构和材料不同，导致排放方式和污染物性质不同。例如屋顶的坡度、墙面和地面的材料、施工方式等都会影响雨水流动和污染物的排放。

3）建成区和在建区污染物调节净化处理措施不同。例如部分建成区存在未铺设污水处理管道、雨污合流、污水散排乱排等问题；而在建区有较全面的污水处理、雨污分流等设施。

（2）对于下垫面种类而言，不同下垫面种类如绿地、道路、地面、庭院等的结构、材质和功能各异，同一类型下垫面所处的区域不同对污染物的吸附及过滤作用也不一样。

1）下垫面种类的结构不同会导致降雨径流速度和路径的差异，进而影响到污染物吸附和过滤的效果。坚硬表面易造成径流流速过快和径流水量过大，城市宽阔的道路和广场表面易使雨水一次性流出，难以有效净化雨水中的污染物，而有碎石、砖面等较粗糙且凹凸不平材质的表面则可以改变水流径流路径，增加污染物的附着率。带植被的绿地可有效地延缓径流速度，增强过滤效果，使得雨水更可能与植物接触和吸附附着污染物。

2）下垫面的类型不同导致产生不同的降雨径流，进而影响污染物的排放形式。例如，道路、铺装地面、硬化地面、草坪和庭院等下垫面的类型不同，雨水在流经这些不同类型的下垫面时根据透水性能的不同所产生的径流也不同，从而导致排放的污染物的不同。

3）下垫面所处的区域不同，污染物来源也不同。如同一类型的下垫面在工业区、居住区、商业区、医院等不同区域产生的污染物状态不同。

综上所述，复杂的建筑物类型和复杂的下垫面结构种类等因素导致了城市水环境污染物来源的复杂多样性。这些污染物都将汇入城市管网并最终排入河道，在城市水环境和水生态治理过程中，需要将这些污染来源因素考虑进去，并推出有针对性的污染治理措施，以便实现城市的可持续发展。

1.1.2　汛期降雨冲击剧烈

城市降雨有强烈的时空变异性，城市下垫面往往空间上很不均匀，伴随着降雨和径流大幅度的时空变异，由地表冲刷产生的径流污染较为严重。尤其是连续干旱后的暴雨，冲刷地面、管道及河道坡岸挟带的大量泥沙等污染物入河，造成河道淤积，破坏水质。城市降雨的强度、频率和持续时间的变化将直接影响城市水环境。汛期由于降雨强度不同、降雨重现期不同等原因，沉积污染物被剧烈冲刷带入河道。

（1）降雨强度的影响。在降雨强度较轻的情况下，径流的流速会较为平缓，不足以将沉积在路面和建筑物表面的污染物剧烈冲刷进入河道。此时，城市排水设施能够有效地拦截污染物，防止污染物进入河湖。然而，当降雨强度增大时，径流流速急剧增加，这时污染物随着径流水流而被强力地冲刷进入雨水管道及下游的河道之中。这将导致河道水质显著下降，威胁到人民生产和生活所需的安全用水和环境卫生。

（2）降雨重现期的影响。降雨重现期通常指的是某种降雨划分指标（如 10 年一遇或 100 年一遇）内发生相同降雨强度的平均间隔时间。在一个降雨周期内，较高重现期降雨事件的发生频率比较低，而较低重现期的降雨事件则更为常见。发生较高重现期降雨事件时，往往会产生特别剧烈的降雨，并伴随着强大的径流。这会加速径流速度，增大水流的力量和威力，并带动路面、绿地和建筑物表面的污染物进入雨水管道和下游的河道中。

因此，汛期由于降雨强度和降雨重现期的差异，将引起沉积污染物流动导致河流水质受到威胁。对此，通过建设合理的雨水处理设施和合理规划城市的雨水排放管道，实现相应降雨事件中污染物的有效拦截，并做好河道水环境的监测和治理工作，能够从根源上控制城市水环境的污染和破坏，让人民在稳定、安全、舒适的环境中生产和生活。

1.1.3 缺乏径流过程调控净化

现有的城市排水系统主要是通过雨水管道将雨水从城市内部直接通过管涵连接排入到河湖或海洋，是一种直接排水的方式，缺乏对过程进行调控的能力。这种排水模式限制了排水系统在应对不同降雨事件时的灵活性和适应性。直接排水的方式会将城市内的大量雨水一次性排放到河道中，同时也将污染物直接送入河流，大量排放的有机物和微生物也会对水体生态环境造成破坏，影响水体生态平衡。同时排水管网的覆盖程度是有限的，对于分散、小面积的污染源难以及时控制。这就导致在排水过程中难以对污染物进行有效控制，排放出的污染物会直接对环境造成影响。

1.1.4 水体水质保护与维护困难

城市河湖水系的水环境问题往往表现在水里，根子在岸上，困难主要表现在污染物来源复杂、污染物的种类繁多、水体的受污染程度较高、没有完善的治理方法。

（1）污染物来源复杂。水里的污染物来源绝大多数都来自岸上，特别是汇水区的源头地表，例如城市排水、沉积物中的污染物、城市排放的废气等，这些来源比较复杂，难以确定。

（2）污染物的种类繁多。城市河湖水系污染物的种类通常比较繁多，这些污染物包括有机污染物、重金属、微生物等多种物质，这些物质的危害程度不同，特点各异，难以采取统一的治理方式。

（3）水体的受污染程度较高。城市河湖水系受污染程度较高，这与城市的高密度人口和城市环境的特点有关。人口的集聚和工业化的加速都会造成大量的污染物排放，如养殖业、生活废水、汽车尾气、工业废水等，污染物的排放量与浓度增加对水体环境造成了严重破坏。同时，岸上的汇水面积较大，污染物输送效果较好，使水体的污染程度更高，治理难度更大。

（4）缺乏完善的治理方法。目前针对城市河湖水系污染问题的治理方法还不够完善。传统的治理方式主要是建设废水处理厂，对废水进行处理和净化。但是这种方式只能对水体内部的污染物起到作用，却无法彻底根治污染问题。因此，需要探索新型治理方式，如生态修复、雨洪控制等，达到根本上有效治理水体污染问题的目的。

因此城市水体水质保护与维护只靠水体本身的维护十分困难，需要加强污染源的控制，探索新型的治理方式和技术，同时通过应用大数据、智能监控等现代技术手段，提高城市水体水质的监测能力，实现城市水体的健康管理和持续发展。

1.1.5 水体生态修复与恢复艰难

水体生态修复与恢复的难点包括恢复过程漫长、人工干预成效有限、生态机理研究需要长时间探索和生态修复受城市人为活动影响等方面。

（1）恢复过程漫长。水里的水生动植物、底栖动物的恢复是一个漫长的过程。这些生物之间有复杂的互动关系和生态平衡状态，在水质差、污染严重的情况下很难存活繁殖，同时受到许多不可控和人为干扰的因素，例如水位变化、人为扰动和捕捞等，恢复的过程非常缓慢，需要很长时间的耐心修复。

（2）人工干预成效有限。人工干预技术可以促进水生物群落的恢复，例如引流、检修水文设施、人工筑巢和控制水生生物数量等。但是这些方法都有其局限性，对于生态系统的复杂性很难进行完整的考虑，因此干预的成效通常会受到局部影响和限定。

（3）生态机理的研究需要长时间探索。在生态系统中，不同层次之间的关联、各种生物之间的关系以及生物与自然环境之间的关系都非常复杂，生态修复和恢复需要更深入的研究这些复杂的生态机理。

（4）生态修复受城市人为活动影响。城市中人为活动的增多，例如钓鱼过程中投入的大量有机物，会增加水体中的氧化还原条件，直接影响水生态环境。因此在城市水体的生态修复过程中，也需要重视城市人为活动对水体生态环境的影响。

因此城市水体生态修复与恢复艰难，需要加强基础研究，探索更有效的生态修复技术，加强城市规划管理和水生物保护监测，同时也需要加强公众意识的教育，提高市民的环保水平，协助水体生态修复和维护生态环境的持续健康。

1.2　城市水环境与水生态问题

城市水环境与水生态是人与自然和谐共生的桥梁，生态文明思想提倡尊重自然、顺应自然、保护自然的理念，城市河道是自然与人的活动双重作用下形成的景观格局。通过连续实施三个水环境治理三年行动方案，北京水环境质量发生了历史性、转折性和全局性变化，碧水攻坚战取得了总体性胜利，人民群众获得感持续增强。但城市水环境与水生态的特点仍造成了降雨驱动的城市面源污染、河湖内部污染和城市水生态系统功能下降等方面的问题，制约了城市水环境和水生态的进一步提升。城市河湖精细化管护能力，是城市治理水平和治理能力的重要内容，"城市管理应该像绣花一样精细"是城市高质量发展的路径之一。

1.2.1　面源污染问题

随着城市污水收集处理系统的不断完善，点源污染逐步得到控制，面源污染问题凸显。城市面源污染主要是由降雨动能冲击及雨水径流冲刷地表累积污染物而引起的。一方面，初期降雨径流过程中污染物浓度明显高于径流后期冲刷的污染物浓度，初期雨水径流成为城市面源污染中的重要内容。另一方面，在降雨条件下，当进入合流制管道的雨水过多，流量超过管道截流能力时，雨污混合水则会发生溢流而造成污染。受合流制溢流污染影响，汛期降雨后河道水质达标率显著下降，成为城市水环境治理和水生态提升工作的重点和难点。

城市面源污染主要受降雨-径流过程的影响，具有突发性和间歇性，同时具有空间广泛性。这一过程影响因素复杂，降雨特征、大气污染状况、下垫面条件、排水系统布局等都是城市面源污染的潜在影响因素。城市面源污染中所包含的污染物质主要有包括悬浮物、可降解有机物、营养物质、有毒有害物质等，挟带大量面源污染的降雨径流如不经处理直接排入受纳水体，会引发河道水体污染问题，破坏水环境生态平衡。汛期雨污合流排口溢流情况如图 1.1 所示。

图 1.1 汛期雨污合流排口溢流情况

1.2.2 河湖内部污染问题

（1）沉积物造成污染。城市河道由于堤岸形态稳固，不可随意调整，同时河宽较窄，两侧与建设用地紧邻。由于河道底质特征，河流纵向受力在同水平位置基本相同，水流对河道底部的长期作用会造成河道淤积等现象。而岸坡结构稳固限制了河道形态变化，淤积造成的水流断面减小对河道行洪保障产生威胁。河道蜿蜒度减小和渠道化同时造成水能消耗降低，更多的能量用于输送泥沙等物质，导致河道淤积现象加深。温榆河、清河、小中河、中坝河、北运河淤积深度为 0.4~1.3m。渠道化引起的河道淤积加深已成为北京城市河道管理中存在的主要问题之一。氮磷、重金属等污染物容易在河道底泥中发生富集，而在水体扰动等条件影响下，河道底泥存在释放氨氮、总磷、有机质的现象，会对河道水质产生不利影响。河道底泥引起的水生态环境问题如图 1.2 所示。

图 1.2 河道底泥引起的水生态环境问题

（2）腐败植物造成污染。城市河湖中以沉水植物为核心的水下水生植物群落，为水生生物提供了良好栖息场所。沉水植物作为水生态系统的初级生产者，在维护水体水质和水生态系统稳定方面发挥了重要作用。

随着城市河道水质提升，水体透明度逐渐提高，引起水生植物的大量生长，部分河段（如清河、昆玉河等）水生植物覆盖度大于 90％。随着北京市河湖水生态健康状况的不断提升，沉水植物已经成为河湖水体主要水生生物物种，并呈逐年增加趋势。沉水植物若不及时进行清割，一方面，植物漂浮在水体表面会聚集其他污染物；另一方面，老化、腐败的沉水植物会释放氮、磷等营养元素，从而对水体造成污染。每年沉水植物集中生长期，都会接到热心市民拨打的 12345 投诉热线，集中反映沉水植物清割不及时造成的水环境问题，给管理工作带来了极大的难度。水草管护现场图如图 1.3 所示。

图 1.3　水草管护现场图

1.2.3　水生态系统功能下降

城市河道作为景观廊道，连接着其他河流、湖泊等城市景观版块，不仅承担着城市防洪排涝的基本功能，还具备城市水生态环境调节的功能，构成城市"蓝绿灰"空间统一格局。一些渠道化的城市河道水生态系统功能明显下降，如图 1.4 所示。

图 1.4　渠道化的城市河道

城市河道在纵向连通方面，由于河道形态稳固减少了河道物理地貌的动态变化，造成河道蜿蜒度降低。城市河网物理连通性下降和功能受损，导致水动力条件改善、物质流动和能量流动过程以及水生生物迁徙的通道受到阻碍。

由于承担防洪、排水等功能，城市河道断面多为衬砌规则断面、硬质护底和护坡，两侧缺乏河滨带，影响水流横向波动带来的物质交换和生物流动，部分"三面光"渠化形态影响了水体横向和竖向连通，同时破坏了生物栖息环境。

整体而言，河流连通性的下降，水力循环能力降低，损害了水生态系统多样性和稳定性，降低了河道水体自净能力，引起了水生态系统功能下降。

1.3　城市水生态环境领域研究现状

针对城市水环境与水生态的特点及面临问题，严格遵循"节水优先、空间均衡、系统治理、两手发力"的治水思路，依据城市水系服务功能，兼顾生态廊道、滞蓄洪水、观光休闲等多项目标需求，发挥城市水系的综合功能和效益。多年来，我国已经从水生态监测与评价、河湖水系规划、水环境治理与生态修复等方面，开展了大量的研究和应用工作，为开展城市水生态环境保障与提升工作奠定了良好基础。

1.3.1　水生态监测与评价方面

城市水系的特征在于城市发展、人类活动与生态保护的高度协同。健康的城市水系应能够保证其生态和服务功能的适宜水量；水质良好且具有一定流动性；水生态系统结构完整，能够正常发挥生态、景观、旅游休闲等功能。开展城市水系监测与生态系统评价，是为城市综合规划、管理和保护、综合治理提供数据支撑和决策依据。

2020 年，水利部发布的《河湖健康评价指南（试行）》（第 43 号），基于河湖健康概念从生态系统结构完整性、生态系统抗扰动弹性、社会服务功能可持续性三个方面建立河湖健康评价指标体系与评价方法，从"盆"、"水"、生物、社会服务功能四个准则层对河湖健康状态进行评价。同期，生态环境部发布的《河流水生态环境质量监测与评价技术指南（征求意见稿）》、《湖库水生态环境质量监测与评价技术指南（征求意见稿）》（环办标征函〔2020〕49），规定了涵盖水环境质量、生境和水生生物的水环境质量监测评价要素，水生态评价方面针对河流和湖泊系统，分别选取大型底栖无脊椎动物与着生藻类，底栖动物、浮游藻类、浮游动物和大型维管束植物作为监测要素。近年来，在传统监测技术基础上，借鉴国内外技术经验，环境 DNA、遥感、图像识别等智慧化监测技术，因具有的高重复性、时空分辨度高、敏感度高等优势，在水生态监测领域也得到了快速发展和应用，动态监测物理生境、水文情势、水生生物种群等动态变化特征。

关于水生态系统完整性的评价，《流域生态健康评估技术指南（试行）》（环办函〔2013〕320 号）中，对水生态系统评估采用了生境结构、水生生物、生态压力三类指标。《河流水生态环境质量监测与评价技术指南（征求意见稿）》、《湖库水生态环境质量监测与评价技术指南（征求意见稿）》（环办标征函〔2020〕49 号），从水环境质量、生境、水生生物三方面评价水生态环境质量状况。水利部发布的《河湖健康评估技术导则》（SL/T 793—2020），确定了包涵水文完整性、化学完整性、形态结构完整性和生物完整性，以及社会服务功能可持续性五类、27 项指标对河湖健康状况进行评价。北京市也印发了《水生态健康评价技术规范》（DB11/T 1722—2020），建立以水生态健康综合指数为目标层，包括生境指标、理化指标、生物指标的准则层，具体特征要素的指标层的评价指标体系，基于评价结果，将地表水体与水生态状况划分为健康、亚健康、不健康三个等级。

1.3.2　河湖水系规划方面

城市河湖水系规划主要从水资源配置、水量调控和水资源管理等方面开展了系列性研究和应用。

在水资源配置方面，20 世纪 50 年代末，我国已经开始了水资源供需平衡的相关研究；20 世纪 70 年代开始，针对出现的河流断流、水污染等各类生态环境恶化问题，开展了生态需水相关分析和研究。目前城市需水量的研究方向，逐渐转向城市生态系统的需水量，如植被、河湖和地下水的需水量，但鉴于河流生态需水的复杂性，从生态需水量的核算与流域水资源供需平衡、符合城市河湖复杂性的生态需水评估标准等方面仍在不断深入推进。需水量的预测方面，早期主要采用 Tennant 法、Q_{90} 最小流量法等计算方法，近年来出现了回归分析、BP 神经网络、数值模型和数据优化等算法进行河湖水系需水预测。

水量调控是以水平衡为基础，通过供水设施对河湖水系的水文过程进行合理调蓄，确保在满足生态基流下的调控方案，得出可供给的最大水资源量及时间过程。基于河湖健康状况年内变化趋势，结合水文周期性变化，以改善河流整体健康状况为目标，进行不同时期或不同河流及其健康状况的生态调控。

随社会经济发展，水资源管理也日益受到重视，为应对气候变化、人类活动的持续影响，缓解水资源紧缺的压力，我国已采取了多种措施和方法，如再生水利用、雨水收集回用、水资源远距离调配补给等。但城市水系统是自然-社会-环境的复合系统中的一部分，在复杂的系统之中，通过工程与非工程措施，进行水资源科学合理分配、提高水资源利用效率，满足不同层次、目标的用水需求，是正在探索的方向。

1.3.3　水环境治理与生态修复领域

自"十一五"开始，北京城市水系治理进入了以恢复水生态、可持续发展为主的水生态治理阶段。现阶段，对于城市河湖水生态环境的修复与保障重点集中在三个方面：一是加大外源污染治理力度，截留面源与合流制溢流污染入河；二是优化河湖水体连通，提升河道自净能力；三是以内源污染控制和处置为抓手，全面推进城市河湖生态修复。

随着城市的快速发展，城市原有地表类型发生变化，城市水文循环机制随之发生剧烈变化，雨水径流引起的面源及合流制溢流污染问题，成为城市河湖重要的外源而被受到关注。针对城市径流污染问题，采用 SWMM、STORM 等模型估算径流产量，并在此基础上，结合污染物浓度估算污染负荷是较为常用的方法。自 20 世纪 80 年代，我国开始进行针对径流污染的研究工作，大量监测结果表明，不同地表覆盖类型的径流中，污染物浓度差异较大，交通区的污染物浓度大于居民区等其他区域，且受自然条件和水文气象条件差异影响，导致污染物时空差异较大。近年来，在海绵城市建设的理念指引下，我国城镇雨水利用技术的迅速发展，绿化屋顶、植被浅沟、下凹绿地、透水铺装、雨水花园等多项技术得到推广和应用。随着城市规模不断扩大，叠加排水管网系统的复杂性特征，排水口溢流污染时有发生，成为影响河湖水环境的一个突出问题；破解合流制溢流污染控制技术，缓解汛期溢流污染入河对水环境和水生态系统稳定性的冲击和影响，成为目前国内城市水环境治理中一个新的研究重点。

对于城市河湖内源污染而言，周期性开展淤积情况的监测，科学开展淤积污染释放对河湖水体的影响分析、合理评估并制订清淤方案，投入扰动和影响性小的高效清淤设备、有序实施河道清淤工作，是目前有效控制水体内源污染的主要方式。

河湖水系是维系自然生态系统的重要组成部分，高强度的人类胁迫是河湖水系的连通格局变化的主要驱动因素；部分河湖连通性受阻、断流等影响，导致行洪能力不足、水资源分配不均、水文周期性变化单一、水生态环境受损等情况。近年来，国内针对河湖水系连通的研究大多集中于河湖水系连通评价方法、布局优化及其对生态环境的影响等。国内有学者从水生态系统整体性出发，围绕水系结构完整度和功能过程的完成度，研究建立了水系生态系统结构-功能-过程之间的复杂响应关系，提出修复河流纵向、横向和垂向三维空间以及时间维度上的结构连通性和功能连通性，促进物质流、物种流和信息流畅通的连通性修复方式。配合再生水等非常规水资源补给、梯级脉冲式调水、人工调控与科学调度等方式，对提升水资源利用率、促进污染物迁移扩散、提高水体自净能力、改善水体生态环境等具有积极作用和效果，为开展河湖水系连通相关工作提供借鉴。

随城市河湖水环境的生态治理修复方式逐步提升，河道水体已由"藻型水体"转变为更为清洁的"草型水体"，生物多样性随之提升。现阶段，围绕城市河湖水域持续开展水生动植物修复与管控、生境改善等技术研究和应用，旨在持续提升水体生物多样性，修复生态系统；优化生态坡岸，为动植物营造良好生境，在保证防洪功能同时，构建水系连通的近自然生态廊道，为市民营造水清岸绿的生态河湖。

1.4 北京城市水环境与水生态研究历程

北京城市水环境的研究工作起步较晚，有文献记载的研究始于1986年，聂桂生等针对北京市快速发展过程中面临的水污染加剧，水质恶化带来的水资源短缺加剧等问题，通过模型对未来污染物及污水的排放量进行预测和分析，提出了加强冶金、化工、电力、食品加工、造纸等工业的控制和治理的建议。与此同时，面对日益严峻的水环境问题，以亚运会为契机，北京市水利科学研究所（2012年9月更名为北京市水科学技术研究院）成立水环境研究室，开展系统的水环境研究工作。30余年来，伴随城市的不断发展和治水思路的不断更新，北京城市水环境与水生态研究工作内容和重点发生了很大变化，大体经历了水污染治理、水环境提升、水生态保护修复三个重要阶段。

1.4.1 水污染治理阶段（1986—2000年）

和许多快速发展的城市一样，20世纪80年代中期，北京市水环境恶化问题日益突出，城区周围被污水河道包围。为贯彻落实党中央关于建设现代化国际大都市的一系列指示，北京市水利工作在加快水利基础设施建设和基础产业发展的同时，提出了"管好天上、地面和地下'三盆水'"实现防洪标准高、供水保证率高、水环境质量高、水经济效益高的"四高"目标。在水环境研究方面依托科研和国际合作,重点在河流水环境提升、农村水环境治理方面开展研究和实践,通过原型观测和模型研究相结合的方法,摸索见效快、占地少、投资省的城市污水综合治理措施,确保了亚运会期间北京体院和拳击馆附近河段内,河水还清、臭味去除,节约了 1200 多万 m³ 稀释用水。针对污水围城,农村污染问题突出等问题,通过国际合作,引进国外污染治理技术和经验,通过示范村庄建设,使各项技术和经验在本市落地生根,通过推广项目使项目成果在城市水环境改善中发挥更大作用,有效推动了北京市小城镇及养殖业污水治理工作的开展。

1.4.2 水环境提升阶段(2001—2019 年)

奥运会的成功申办为改善北京环境质量和促进城市可持续发展提供前所未有的机遇。北京市提出了"新北京、新奥运"的战略构想和"科技奥运、人文奥运、绿色奥运"三大理念。由于连续 8 年干旱,北京市水资源供需矛盾日趋紧张,再生水成为河湖重要补水水源,城市河湖富营养化日益突出的问题,在这种情况下探索了生物浮床、水下推流、生物拦栅、食藻虫、水下森林构建、岸边带湿地等技术,并成功应用于永定河、亮马河、筒子河、什刹海等城市核心区河湖水环境维护及水质提升中。在后奥运时期,依托"十一五""十二五"国家科技重大专项课题,研发再生水补给型城市河湖水体原位净化和旁路净化关键技术与治理方案,形成良性循环的城市河湖生态系统;根据北京市再生水工业利用需求,对工业用水优质再生水替代关键技术进行系统研究,构建包括再生水水质变化规律、水处理技术、风险评估及安全利用指南等在内的优质再生水工业利用集成技术体系,提高北京市的再生水工业利用和工程化应用水平。按照全市打好水环境治理攻坚战的总体部署,协助完成了三个水环境治理三年行动方案的制订和实施,为北京市全面消除黑臭水体、河道还清保驾护航。随着南水北调中线工程的建设和运行,针对南水北调来水存在水生态风险,开展水生态风险监测和分析,为水资源的科学管理提供了依据和支撑。

1.4.3 水生态保护修复阶段(2020 年至今)

随着水污染治理力度的不断加大,北京市水环境质量不断改善,河流水质逐年好转。2019 年河湖水质优良比例达 60%,无劣 V 类水体断面,提前达到 2020 年国家考核目标。也标志着"十四五"阶段,北京市河湖从水污染防治向水生态保护修复转变、水环境治理向山水林田湖草系统治理转变的总体形势已经确立。但河湖管理面临的重点、难点问题仍未从根本上解决。面对水草管控、水生态空间受限、合流溢流污染以及南水北调来水潜在的外来物种入侵、淤积物增加等城市河湖水生态系统提升新问题,一是对城区河湖沉水植物生长情况进行深入调查,研究河湖水生态科学管理方法及路径;二是开展南水北调来水淤积形成原因及解决路径研究,探索"厂""网""河"协同管理,降低溢流污染影响的解决方案,提出了全链条管理的沉水植物管控方案;三是明确了南水北调来水淤积形成机理,为河湖水生态维护和南水北调来水的科学管理提供了参考和依据;四是提出了包含合流溢流污染有效控制的降雨径流管控新技术,编制了《河湖水系海绵城市建设技术规范》。

　　下一阶段将继续针对北京市城市河湖水生态保护修复过程中的重点、难点问题，充分利用新技术、新手段，在城市河湖维护管理、南水北调来水科学维护、合流溢流污染控制策略等方面开展研究，推动政策和标准出台，为促进城市河湖水生态健康发展提供支撑和保障。

第2章

城市水文过程与产污规律

随着污水收集处理率的不断提升，城市河湖水系的污染物基本都随着降雨径流来源于岸上的汇水区。汇水区域内降雨径流等水文过程的污染物产生、迁移和转化规律，决定着城市水体的水环境质量。因此，在进行城市水文过程系统监测的基础上，研究了源头减排设施的降雨径流特征、径流调控区域的水文过程规律和城市地表的产污规律。

2.1 城市水文过程监测

为开展城市水文过程的监测，建立了多层级水文监测系统，研发了排水管网径流监测技术和水样智能采样装置，构建了城市水文过程量质同步监测体系。

2.1.1 多层级水文监测系统

多层级水文监测系统主要包括雨量站和设施、地块、排水分区、区域尺度的径流监测体系。

2.1.1.1 城市化区域的雨量站布设

选取北京中心城区为研究对象，搜集2017年和2018年降雨资料，并进行场次降雨划分，场次降雨划分原则为降雨时间间隔120min以上，则作为两场独立降雨。针对北京城区的192个雨量站，按照不同量级降雨和不同降雨强度选取典型场次降雨。2017年选取13场，2018年选取8场典型降雨作为研究对象。在市级雨量站布设的基础上，按照均匀分布的原则，选取不同场景下的雨量站点。基于设置的雨量站密度场景进行雨量站点选择，选择原则为"稠包稀"。以城区现状雨量站网监测值作为各场次降雨目标值，选取场次面雨量、最大雨量、最大雨强三个参数，以目标值作为基准值，对不同雨量站布设密度进行评价，提出北京城区最优雨量站布设密度。评价标准基于均方根误差（RMSE）、相对误差（Rd）、绝对误差（MRE）、Ens系数四个指标。通过分析，综合考虑不同密度梯度雨量站监测的场次面雨量、最大雨量、最大雨强三个参数与目标值对比情况，认为$8km^2$/站的雨量站布设密度为城区雨量监测最优站网布设模式。

2.1.1.2 设施尺度径流监测

为掌握透水铺装地面、生物滞留槽、绿化屋顶等典型源头减控设施的水文过程规律，在北京西郊蓄洪工程东北角的停车场处建设了典型源头减排设施水文过程实验场。透水铺装与生物滞留槽实验区（记为A区）在一起，占地约$2000m^2$，平面布置如图2.1所示，西侧相距150m的绿化屋顶实验区（记为B区）占地约$500m^2$，平面布置如图2.2所示。

停车场中的透水铺装设置有 6 个试验小区,其中 1 个小区中安装有称重式蒸渗仪。生物滞留设施共有 3 处,其中 1 处也安装有称重式蒸渗仪。生物滞留设施收集处理道路和和屋顶的雨水。屋顶绿化试验场的西侧有 7 个小型称重式蒸渗仪。

图 2.1 源头径流减控设施水文过程实验场 A 区布置图

（a）试验小区与监测设备

（b）小型蒸渗仪

图 2.2 源头径流减控设施水文过程实验场 B 区实景图

1. 透水铺装地面水文监测

对于透水铺装地面的径流量与污染削减效果,一般分为地表径流的减控和下渗后由结构层集水管排出雨水的水量过程和水质过程特性监测,以便与不透水地表的情况进行对比分析。1~5 号透水铺装试验小区均有独立的汇水单元,外部雨水不能流入小区,小区内的地表径流收集汇入末端的测流井,下渗后收集的雨水也汇入末端测流井,在测流井内分别安装 2 套三角堰,用以监测地表径流和下渗收集雨水的径流过程。同时在监测井边上安装智能水样采集设备,以采集下渗收集的雨水水样进行化验。为充分反映铺装层下的土壤水分变化,在垫层下垂向布设了 4 个 FDR 土壤水分传感器,布设点位分别是距透水砖表面 610mm、710mm、910mm 和 1310mm 处。

在 6 号透水铺装小区内建设了一个 2m×2m×2.5m 称重式蒸渗仪，按照实际的铺装结构做成透水地面，周围与四周地面隔离。为精确监测透水铺装的土壤水分变化，在蒸渗仪透水铺装结构层和土层布设了 5 个土壤水分传感器，如图 2.3 所示。土壤水分传感器的布设深度为地表 600mm、700mm、900mm、1100mm、1300mm 处，土壤溶液提取点位深度分别为距透水铺装土面 260mm、400mm、600mm、700mm、900mm、1000mm、1100mm、1300mm。

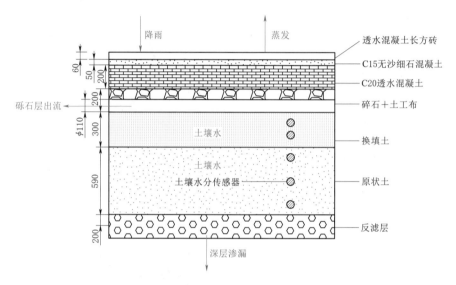

图 2.3　蒸渗仪内透水铺装结构与监测设备布置示意图

2. 生物滞留槽水文监测

1 号生物滞留设施通过管道收集净化旁边的厕所屋面雨水，来水量、下渗集排量、溢流量分别用三角堰监测。为反映种植土层的水分变化，在两侧的种植土层下方 50mm 和 150mm 处分别布设了两个土壤水分传感器。

2 号生物滞留设施通过侧边的明沟收集净化旁边不透水路面上雨水，用三角堰监测来水量、下渗集排量、溢流量过程，同样也在种植土下埋设两个土壤水分传感器。

3 号生物滞留设施做在 2m×2m×2.5m 的称重式蒸渗仪中，收集净化旁边凉亭的屋面雨水。蒸渗仪内生物滞留设施结构与监测设备布置如图 2.4 所示，与透水铺装蒸渗仪相似地布设了土壤水分传感器和土壤水样采集设备。

3. 绿化屋顶

绿化屋顶试验场布置如图 2.5 所示，场内有 A1、A2、B1、B2、B3、C1 共 6 个模拟屋顶的小区。C1 为混凝土抹面的平屋顶，其他 5 个为简易式绿化屋顶，并在 A1 和 B2 屋顶设置了基质水分含量监测探头。绿化屋顶所种植的植物均为佛甲草。每个绿化屋顶小区的径流流量过程采用三角堰单独计量，同时 C1 和 B3 屋顶的三角堰中配备了智能水样采集器，用于采集径流过程的水样以监测其径流污染物输出过程。屋顶径流最后分别收集储存到旁边的地下玻璃钢水箱中，用于屋顶的灌溉补水。

7 个小型蒸渗透仪用于研究绿化屋顶蒸散发规律，并设置了蓄排管和透水砖侧渗排两

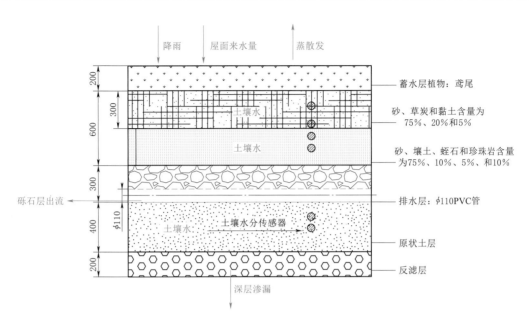

图 2.4 蒸渗仪内生物滞留设施结构与监测设备布置示意图

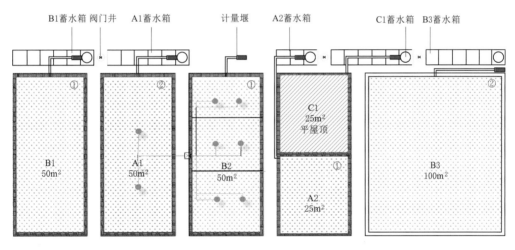

图 2.5 绿化屋顶试验场布置图

种排水方式，充分灌溉和非充分灌溉两种灌溉制度以及 6cm 和 10cm 两种基质厚度，并通过称重监测蒸发量，通过翻斗流量计监测外排的径流量。

2.1.1.3 地块尺度径流监测

地块尺度也叫微观尺度，主要对应城市小区，面积 3～5hm²，是城市雨洪监测的基本单位。地块尺度的海绵设施在降雨量较大时能降低洪峰和减小洪流量，减轻城市雨洪设施的压力。通过采用"集、渗、滞、蓄、净、用"等手段建设的海绵设施，具有源头削减、中途转输、末端调蓄等功能，可促进城市水文良性循环。微观尺度径流监测场的建立从小区层面为海绵城市效果评价提供基础数据支撑。

在北京城市副中心的 S6 地块建立了微观尺度径流监测场。根据管线图和实地踏勘选定 YS464 节点和 YS687 节点进行径流过程监测。YS464 节点位于东果园北街东口附近，雨水管道直径 1m，控制百合嘉园等小区及东果园北街东侧约 0.13km² 的雨水出流，安装流量和水质采样设备进行监测。YS687 节点位于紫云南街与桦秀路交口北侧，是桦秀路以上区域的排水出口，管道直径 1.3m，汇水区面积 0.26km²。

微观监测场设备使用多普勒流速仪传感器，小管道安装采用涨箍式安装，流速探头及水位计均安装在涨箍上，涨箍通过可调螺栓胀在管道内壁上。安装时通过外侧两个螺母将涨箍收缩，将探头安装到涨箍上，再作为一个整体安装到管内，将外侧螺母松开，通过拧内侧螺母使涨箍与内壁贴近。机箱采用滑道式安装方式，方便维护时取出，机箱顶部配有提手方便提取，底部配有支脚方便取出时可以立放，避免了线路折弯。天线采用侧孔式安装，防止井盖干扰，配有保护套，与路面平齐，防止过车损坏，所有线缆采用线管布置，使布局合理、美观。

2.1.1.4　中观（排水分区）尺度径流监测

中观尺度对应排水分区，即根据排水管渠的收水边界划分的、相对独立汇集排放雨水的区域。在北京城市副中心相对独立的 S6 排水分区建设了中观尺度的径流监测场。S6 排水分区西起北运河东滨河路，西至东六环西侧路，南邻通路大街和紫运南街，北到通胡路，总面积约 1.69km²。根据管线图和实地踏勘情况，在该排水分区共布设 7 个监测节点，分别监测不同地块雨水排放过程和排水分区总的径流排放过程。采用分布式多普勒流量计监测方涵和圆管的流量过程，具有方法见 2.1.2 节。

2.1.1.5　宏观（区域）尺度径流监测

以北运河北关闸以上流域为研究对象建立宏观尺度径流监测场，控制面积约 2500km²，控制测站为北关闸站。流域内有桃峪口水库、沙河闸、羊坊闸、高碑店闸以及刘庄水文站 5 个主要节点和 8 个市级雨量站。蒸发站使用北关闸（原通县站）数据。

2.1.2　排水管网径流监测

排水管网的径流过程监测是构建多层级径流监测场的基础，主要包括监测方法比选、设备选型、布设安装、数据采集和维护管理等方面内容。

2.1.2.1　监测方法

径流过程监测的关键是监测点的布设，测点布设合理监测结果才能准确可靠。当排水通道为圆管或者暗涵时，监测点应设置在圆管或者暗涵的顺直段，如果有检查井，测点应设置在观测井或检查井的上游位置。当排水通道为明渠形式，监测点宜设置在明渠顺直段的中下游且无下游回水影响的位置。对于屋顶、铺装地面、绿地等单种下垫面和单项地表径流减控措施的径流过程监测，通常将监测点设在设施出口或雨水口的连接管道上。

对于水流状态较稳定的雨水管道，可采用流量计进行径流过程监测。流量计的形式宜选用基于传播时间差和多普勒效应的超声波流量计。

对于雨水沟渠、方涵或管道等水流状态复杂、水中物质形态复杂的雨水管渠，可参考《水工建筑物与堰槽测流规范》（SL 537—2011）选择适宜的监测方法。考虑到坡降因素，应优先选用巴歇尔槽测流，但是考虑到布设环境的限制，也可采用三角堰、宽顶堰等测流堰监测。

1. 巴歇尔槽

巴歇尔槽应用范围相对较广，既可以用于自由流也可用于淹没流。巴歇尔槽测流装置包括行近槽、槽体建筑物和下游河道部分，其喉道断面为矩形。巴歇尔槽的布置中喉道宽一般为行近河槽宽的 $1/3\sim1/2$。在有泥沙输移的情况下，槽底宜与进口收缩段齐平。若只在自由流状态下运行，可以适当增高进口段的底部高程；布设中需考虑上游条件，进口收缩段上游应布设长度不小于 5 倍河宽的行近河槽，水流的弗劳德数不宜超过 0.5，当测流精度要求不高时，不应超过 0.7；布设中考虑下游条件，在有充分水头可以利用，能保证自由出流的情况下，不建喉道和出口扩散段，在进口的下游应有不小于 0.2m 的跌水，应建消能装置。

2. 三角堰

三角形薄壁堰简称三角堰，三角堰一般适用于自由流，不可以用于淹没出流。三角堰的水头测量断面一般设置在堰顶上游 $4\sim5$ 倍最大水头处。堰口的垂直平分线与沟槽两岸等距。堰口表面是平面，与堰板的上游相交呈锐缘。堰板应平整坚固，且垂直于岸墙底，堰口附近堰体材料表面应光滑。

为了保证三角堰测流的准确性，三角堰的布设需要满足下述要求：水流通过薄壁堰，应形成清晰的水舌从堰顶射出。水流不宜挟带泥沙、碎石和漂浮物。下游尾水位至少应低于堰顶 0.1m。

3. 宽顶堰

宽顶堰根据其堰型可分为圆缘矩形宽顶堰、锐缘矩形宽顶堰、V 形宽顶堰、梯形宽顶堰等，根据不同环境选择不同的堰型进行测流。宽顶堰测流一般适用于自由流，部分宽顶堰可用于淹没流。宽顶堰的上下游水头测量断面，应设置在距离堰顶上下游 $3\sim4$ 倍最大水头处。宽顶堰测流时，水头 h 与沿水流方向的水平堰顶长度 L 之比应在 $0.1\sim0.4$ 之间。

4. 明渠超声时差法流量计

CM 超声时差法流量计和 SR 超声时差法流量计均可良好地进行明渠流量的测量。相比较而言，SR 超声时差法流量计的流量测量值与真值间的相对误差更小，多数试验工况中的流量测量相对误差小于 1%。两种超声试差法流量计测得的线平均流速取值及变化规律一致，两种流量计测得的线平均流速是可靠的。两种超声时差法流量计均可有效地进行明渠流量的测量。相比较而言，CM 超声时差法流量计的相对误差略大，试验中可测到超过 5% 的测量误差；SR 超声时差法流量计的相对误差较小，多数试验工况的相对误差小于 1%。两种流量计对流量测量性能的比较分析表明：较小的超声换能器利于获得更为精确的流量测值。底部系数和顶部系数均会对流量的计算产生较大的影响，经比较分析，其取 $0\sim1$ 中的较大值（如 0.8）时产生的误差相对较小。

5. 超声多普勒流量计

不论在矩形渠槽中，抑或圆形管道中，超声多普勒流量计均可用来获得过流断面的平均流速/流量，测量误差小于 3%；超声多普勒流量计的测流性能与探头的安装位置密切相关，恰当的探头安装位置可提高流量计的测流精度。

2.1.2.2　设备选型

1. 流量计

对于圆管或者暗涵应选择超声波多普勒流量计，宜采用多探头、分布式布设的方式，探头数量和安装位置根据管道的大小和雨洪可能达到的量级来确定。一般 $\phi300mm$ 以下圆管采用单探头，$\phi300mm$ 以上采用多探头。

对于明渠应选择超声波多普勒流量计、电波流速仪，或设置巴歇尔槽。采用超声波多普勒流量计时，宜采用多探头、分布式布设的方式，探头数量和安装位置根据渠道的大小和雨洪可能达到的水位量级来确定。采用电波流速仪时，断面位置应无回水影响，监测点设置在断面中泓位置，并设置合理的表面系数。采用巴歇尔槽时，应利用自动水位计采集的数据通过水力学公式进行推流。

2. 液位计

流量计和巴歇尔槽均应配合水位计使用，水位计宜选择压力式水位计，且应安装在低水位以下位置。如果管道达不到满管状态，也可采用气介质超声波水位计。电波流速仪宜选择雷达水位计。

水头测量一般采用自记设备，当水头变幅小于 0.5m 或要求记测至 1mm 的小型堰，可采用针（钩）形水位计。

采用浮子式自记水位计时，除执行《水位观测标准》（GB/T 50138—2010）的有关规定外，还应符合下列要求：

（1）连通管的进水口应与行近河槽正交平接，管口下边缘与槽底齐平。连通管宜水平埋设，接头处要严防渗漏，管的内壁应光滑平整，并做防护处理。

（2）连通管的进水口，宜设适合的多孔符帽，以减弱水流扰动和防止泥沙输入，但应避免由此产生水流滞后现象。

（3）静水井口缘应超出最大设计水头 0.3m，井底应低于进水管下边缘 0.3m。

（4）井口大小应与观测仪器和清淤要求相适应。浮筒和平衡锤与井壁的距离不应小于 75mm，两者也应保持适当的间隔。

2.1.2.3　布设安装

根据《城市雨水管渠流量监测基本要求》（DB11/T 1720—2020）采用超声波多普勒流量计时，应选择不易淤积位置；超声波多普勒流量计传感器宜采用内贴式安装，五金器件应采用不锈钢材质；水位计的安装应符合《水位观测标准》（GB/T 50138—2010）相关规定。

1. 雨水方涵

监测方涵时多普勒流速传感器采用渠底式安装结构，流速探头及水位计均安装在固定板上，固定板通过膨胀螺丝与渠底固定，如图 2.6 所示。当渠道宽度较小时可将两支流速传感器固定至侧壁，机箱采用滑道式安装方式，方便维护时取出，机箱顶部配有提手方便提取，底部配有支脚方便取出时可以放立，避免了线路折弯。天线采用侧孔式安装，防止井盖干扰，配有保护套，与路面平齐，防止过车损坏，所有线缆采用线管布置，使布局合理，美观。

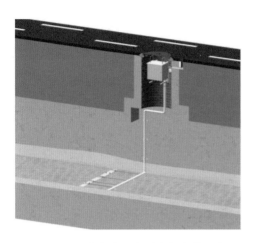

图 2.6　雨水方涵流量监测设备安装示意图

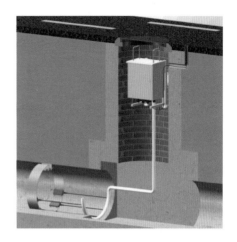

图 2.7　小管道流量监测设备安装示意图

2. 小管道

监测小管道时多普勒流速仪传感器采用涨箍式安装，流速探头及水位计均安装在涨箍上，涨箍通过可调螺栓胀在管道内壁上，安装时通过外侧两个螺母将涨箍收缩，将探头安装到涨箍上，再作为一个整体安装到管内，将外侧螺母松开，通过拧内侧螺母使涨箍与内壁贴近，如图 2.7 所示。机箱采用滑道式安装方式，方便维护时取出，机箱顶部配有提手方便提取，底部配有支脚方便取出时可以放立，避免了线路折弯。天线采用侧孔式安装，防止井盖干扰，配有保护套，与路面平齐，防止过车损坏，所有线缆采用线管布置，使布局合理，美观。

3. 大管道

监测大管道时多普勒流速传感器采用管道贴底式安装板安装，流速探头及水位计均安装在安装板上，安装板通过膨胀螺栓固定在管道内壁下方，如图 2.8 所示。机箱采用滑道式安装方式，方便维护时取出，机箱顶部配有提手方便提取，底部配有支脚方便取出时可以放立，避免了线路折弯。天线采用侧孔式安装，防止井盖干扰，配有保护套，与路面平齐，防止过车损坏，所有线缆采用线管布置，使布局合理、美观。

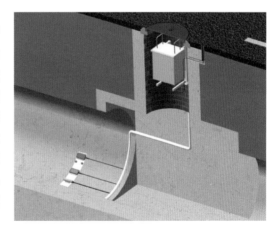

图 2.8　大管道安装结构设计图

2.1.2.4　数据采集

根据《城市雨水管渠流量监测基本要求》（DB11/T 1720—2020）：

（1）雨水管涵流量监测宜采用超声波多普勒流量计。超声波多普勒流量计应选择流线型流速传感器，水位监测宜选择压力式水位计。

（2）雨水沟渠流量监测宜采用超声波多普勒流量计或量水堰槽（量水堰槽主要包括三

角形剖面堰、巴歇尔槽、三角堰、矩形堰等）。监测断面位置无水流顶托影响可采用电波流速仪。

（3）径流过程的监测频率时间间隔不大于 5min。

2.1.2.5　维护管理

根据《排水管网维护管理质量标准》（SZDB/Z 25—2009）排水管网应实行统一规划、配套建设、分级管理、协调发展的原则。鼓励对排水管网的科学技术研究，以及新技术新设备的应用，以提高排水管网设施建设、改造、维护、管理的科学技术水平。

排水管网维护管理单位应定期对排水管渠和设施进行检查和维护，使排水管渠保持良好的水力功能和结构状况。做好排水管网的运营管理工作，确保管网设施安全运营，并承担起相应的社会责任和环境责任。在分流制排水地区，不得雨污水混接，对确已发生的雨污混流应查清原因采取相应措施，尽量提高污水收集率。污水管道的正常运行水位不应高于设计充满度所对应的水位。

排水设施应定期巡视和检查。巡视包括污水冒溢、晴天雨水口积水、井盖和雨水箅缺损、管道塌陷、违章占压、违章排放、私自接管以及影响管道排水的工程施工等情况。检查包括积泥、裂缝、变形、腐蚀、错口、脱节、渗漏等情况。管道、检查井和雨水口内不得留有石块等阻碍排水的杂物。

2.1.3　智能水样采集

水质数据的获取需要采集径流产生过程中的水样进行化验。传统的人工采集水样法难以捕捉到径流产生的起点水样，因此研发了一系列可进行智能采样的设备。

2.1.3.1　天然降雨自动采样

天然降雨自动采样器是利用机械原理将标准面积下的天然雨水通过一定高度的集雨斗汇入集水槽，在浮子阀的作用下，按降雨时长依次汇满 12 个或更多个集水瓶，从而完成采样。仪器的核心技术是水力驱动分时自动采样，基本原理是：在集雨斗下方安装有一定坡度并在下方穿孔的集水槽，雨水在重力作用下，依次通过孔下方浮子阀连接的 1L 集水瓶，当集水瓶集满雨水后，瓶口的浮子沿中心轴上浮并带动阀门使其密封集水瓶，从而完成一个水样采集，之后随着降雨时长进行下一个样品采集。该设备具有无耗电、维护成本少、易于搬运等优点。水力驱动天然降雨自动采样装置进行天然降雨的水样的全天候采集，其结构如图 2.9 所示。

根据承雨堰口面积，每降雨 2mm 即可集满 1 瓶集水瓶，如果采用 12 瓶的设备可连续收集 24mm 降雨，可使 90% 的场次降雨（含 2mm 以下场次）的雨水全部收集。每瓶的采样时间，可结合附近自记雨量计的降雨过程记录数据确定。如果降雨量超过 24mm，则可汇集到最后的集雨桶中，再取混合样进行分析。

2.1.3.2　下垫面径流智能采样

对于屋顶、铺装地面、绿地等传统下垫面和所采取的屋顶绿化、透水铺装、下凹式绿地、雨水花园、生物滞留槽等源头减控设施，其所产生的径流过程的特点有：①流量变化范围相对较小，径流起始点易于捕捉；②径流污染的初期效益比较明显；③径流有相对集中的排口，采样条件相对较好。传统的采样方法为人工采集或采用常规自动水质采样器取

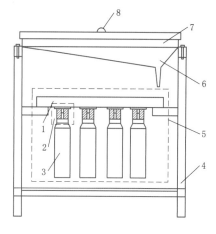

（a）采样器　　　　　　　　　　　　　（b）结构原理

图 2.9　天然降雨自动采样器及原理图

1—集水槽；2—控制器；3—采样瓶；4—采样柜框架；5—取样窗口；

6—集雨斗；7—承雨堰口；8—防尘罩

样。常规的水质自动采样器一般为时钟定时采集或定间隔采集，不适应降雨随机性的特点，难以采集到径流过程从一开始产生的最初水样。因此研发了以下 A、B 两种型号的能够与水量监测过程同步的自动采样终端。水质采样终端通常安装在源头减控设施的出流口，在流量监测设施的上游，即可实现水量水质同步监测。设施的径流水量过程可根据具体情况选择容积法测流池、三角堰、巴歇尔槽、流量计等方法检测。这两种采样终端能够采集源头减控设施的径流过程零起点的水样，即"零点捕获"功能。

A 型自动水质采样终端主要用于自动采集屋面径流过程的水样，其外形和工作原理如图 2.10 所示。该自动水质采样终端主要由外桶、内杯、浮球、电磁泄水阀和采样管等构成。内杯固定于外桶内部，用于接收上方雨落管汇集的雨水。降雨通过雨落管汇入自动

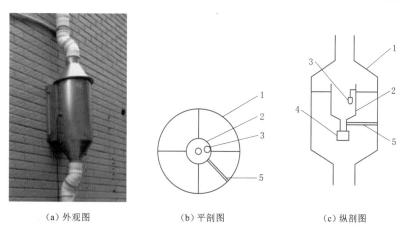

（a）外观图　　　　　　　（b）平剖图　　　　　　　（c）纵剖图

图 2.10　A 型自动水质采样终端外观及原理图

1—外桶；2—内杯；3—浮球；4—泄水阀；5—采样管

水样采集端内的内杯中，此时电磁泄水阀关闭，当水位达到浮球的位置时，通过采样管自动采样，采样完成后泄水阀将开启，内杯雨水被排出，直到下一个设定时刻到来再次关闭泄水阀等待水样。采样管可以连接到经过改造的常规水质自动采样器上，整个采样过程中电磁阀的启闭时间都记录在自动采样器内，以便进行分析。通过电磁泄水阀和浮球液位开关的设定可以保证按照设定的程序采集到第一杯径流的水样。

为监测透水铺装地面、生物滞留槽、植草沟等源头径流减控设施的径流水质变化过程，研发了用于测坑内监测的 B 型自动水质采样终端，其外观如图 2.11（a）所示。该终端能够采集源头减控设施出流过程的第一个水样，并能够按照设置的时间间隔采集不同时间点的水样，其具体原理如图 2.11（b）所示。

B 型自动水质采样终端主要包括：进水口、出水口、采样杯、液位传感器、虹吸溢流管、水质采样管等部分。进水口连接源头减控设施的出水管。当设施有雨水排出时，雨水优先进入采样杯。采样杯内安装有液位传感器，液位传感实时对采样杯中的水位（或流量）参数进行测量，当液位到达设定的高度时，将信号传递给自动采样器主机，由主机发指令启动采样水泵，经水质采样管采集水样。为避免采样杯中的雨水滞留在采样杯中影响后续采样效果，采用虹吸溢流管，将杯内剩余水样排出，至此一个水样采集过程结束。

（a）外观

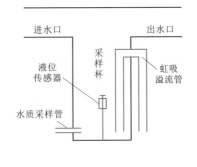

（b）结构原理

图 2.11　B 型自动水质采样终端外观及原理图

2.1.3.3　管道雨水智能采样

智能型自动水质采样器是一种能够适应雨水管道降雨径流特点的自动水样采集装置，如图 2.12 所示。采样装置能够自动识别降雨径流起始时间和结束时间，采集到径流最开始水样和全过程水样。该采样器具有三种工作模式，即水位（或流量）感应模式、命令模式和移动终端远程控制模式，能满足不同降雨情景下，不同频率、不同采样量的需求。

该装置的电源系统具有三种供电模式：外接 AC220V、内置充电锂电池和太阳能电池板。装置的智能控制系统配备数据存储设备，可自动记录采样过程中的日志信息，便于导出和分析。工作模式有以下三种：

（1）水位（或流量）感应模式，通过实时测量采样终端的水位（或流量）参数，进行判断是否超过临界阈值指标。如果超过，则启动采样程序，间隔时间、采样时间采用内置

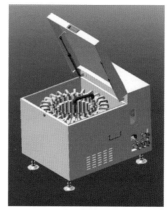

图 2.12 智能型自动水质采样器

参数。

（2）命令模式，即通过人工方式设定启动时间、采样间隔、采样次数等参数。

（3）移动终端远程控制模式，即采样者在异地将启动时间、采样间隔、采样次数等参数通过手机短信，发送到控制系统，对采样过程进行控制。

通过这三种工作模式，该装置既可满足流量和水质比较稳定的降雨径流过程，又可满足流量和水质剧烈变化的降雨径流过程。采样时间、时间间隔、采样次数等参数既可采用人工方式通过现场或者远程终端进行设定，又可基于水位（或流量）传感器进行触发，根据默认参数进行全自动采样。

同时仪器具有手机远程管理功能，可通过手机 App 远程控制仪器开关及通过远程摄像观察周围情况。与常规降雨径流自动采样装置相比，该采样装置更能够准确获悉场次降雨所产生的径流水质变化过程。

2.2 源头减排设施的降雨径流特征

城市降雨径流源头减排设施有多种，绿化屋顶、透水铺装地面和生物滞留设施是最常用的源头减排设施。其降雨径流过程特征对于减控径流污染改善河湖水环境具有重要作用。

2.2.1 绿化屋顶降雨径流特征

2.2.1.1 降雨径流过程特征

在源头减控措施水文过程实验场内有 A1、A2、B1、B2、B3 5 个绿化屋顶，采用了两种排水方式：①排水管排水；②透水砖排水。在 B2 屋顶底部设置了含吸水柱的蓄水模块。在试验监测期内，绿化屋顶产生降雨径流的降雨事件共有 7 场，分别是 7 月 12 日降雨、7 月 17 日降雨、7 月 18 日降雨、7 月 31 日降雨、8 月 12 日降雨、8 月 18 日降雨、8 月 23 日降雨。所有发生径流的场次降雨情况下的径流系数、径流控制率、产流延迟时间、峰值削减率、峰值延迟时间等参数的计算结果见表 2.1。

表 2.1　　　　　　　　　　　各屋顶径流调控指标计算表

日期、降雨量	屋顶（雨水口）形式、面积/m²	径流总量/mm	径流系数	降雨径流控制率/%	产流延后时间/min	峰值削减率/%	峰值延后时间/min
7月12日降雨 44.2mm	C1	40.93	0.93	7.4	55	35.72	5
	A1（②、50）	18.31	0.41	58.57	65	71.3	10
	A2（①、25）	7.56	0.17	82.9	65	76.54	10
	B1（①、50）	13.22	0.3	70.09	60	83.96	10
	B2（①、50）	0	0	100	—	100	—
	B3（②、100）	16.31	0.37	63.1	85	93.64	5
7月17日降雨 17.8mm	C1	7.07	0.4	60.28	140	74.52	5
	A1（②、50）	0.14	0.01	99.21	215	99.72	110
	A2（①、25）	0	0	100	—	100	—
	B1（①、50）	0.29	0.02	98.37	210	99.72	200
	B2（①、50）	0	0	100	—	100	—
	B3（②、100）	0.048	0	99.73	315	99.92	275
7月18日降雨 7.2mm	C1	3.59	0.2	50.14	10	49.1	10
	A1（②、50）	0.84	0.12	88.33	15	81.94	10
	A2（①、25）	0.015	0	99.79	40	99.66	25
	B1（①、50）	1.01	0.14	85.97	10	81.94	10
	B2（①、50）	0	0	100	—	100	—
	B3（②、100）	0.93	0.13	87.08	10	96.22	20
7月31日降雨 84mm	C1	81.37	0.97	3.13	5	29.9	15
	A1（②、50）	35.99	0.43	57.17	30	74.63	20
	A2（①、25）	27.23	0.32	67.58	30	78.56	20
	B1（①、50）	24.05	0.29	71.37	25	92.43	15
	B2（①、50）	0	0	100	—	100	—
	B3（②、100）	30.04	0.36	64.24	30	87.8	15
8月12日降雨 142.6mm	C1	139.33	0.98	2.29	5	38.99	15
	A1（②、50）	83.13	0.58	41.7	130	70.67	505
	A2（①、25）	57.95	0.41	57.95	135	71.72	475
	B1（①、50）	63.86	0.45	55.22	130	59.09	500
	B2（①、50）	50.1	0.35	64.87	575	45.12	585
	B3（②、100）	77.39	0.54	45.73	140	80.24	505
8月18日降雨 30.6mm	C1	14.09	0.46	53.95	10	32.84	0
	A1（②、50）	4.46	0.15	85.42	90	87.09	310
	A2（①、25）	0.06	0.002	99.8	95	98.87	320

续表

日期、降雨量	屋顶（雨水口）形式、面积/m²	径流总量/mm	径流系数	降雨径流控制率/%	产流延后时间/min	峰值削减率/%	峰值延后时间/min
8月18日降雨30.6mm	B1（①、50）	1.75	0.06	94.28	90	98.33	5
	B2（①、50）	0	0	100	—	100	—
	B3（②、100）	5.22	0.17	82.94	95	94.5	315
8月23日降雨34.2mm	C1	33.98	0.99	0.64	130	0	10
	A1（②、50）	2.35	0.07	93.13	470	81.8	85
	A2（①、25）	0.009	0	99.97	475	99.75	30
	B1（①、50）	0.84	0.02	97.54	470	97.67	105
	B2（①、50）	0	0	100	—	100	—
	B3（②、100）	0.76	0.02	97.78	495	96.29	105

　　排水口方式对径流总量的影响显著，排水管排水的处理产流总量明显减少，这可能是由于排水管排水的不透水砖挡墙增加了绿化屋顶的拦蓄能力，从而减少了外排量。由于透水砖孔隙率在 25% 左右，其排水面积（800cm²）远大于排水管的排水口面积（9.81cm²），所以透水砖排水口形式的径流总量要显著大于排水管排水口形式的径流总量。因此，通过增加拦蓄设施和限制排水能力能够有效拦蓄绿化屋顶产流量。

　　排水口方式对产流延后时间、峰值削减率和峰值延后时间影响不显著。这可能是由于绿化屋顶基质层的渗透能力较强，屋顶对降雨的拦蓄主要受初损、基质层导水率的影响，使得绿化屋顶的产流过程无论是地表产流还是透过基质层通过蓄排板产流的时间接近。而排水管排水相比透水砖排水增加了不透水砖挡墙形成的地表的拦蓄能力，使得产流延后时间略有增加。同样，当面积相同时影响峰值削减率和峰值延后时间的因素也主要是绿化屋顶的初损和基质的导水率，而排水方式不是主导因素。

　　屋顶面积对产流延后时间和产流峰值削减率的影响是显著的。这是因为各屋顶的径流都需要汇集到排水口处，然后通过排水口连接的计量堰才会开始产生径流数据，所以面积越大产流延后时间会越长。面积为 100m² 的屋顶的产流延后时间显著大于面积为 25m² 和50m² 的屋顶产流延后时间，表明面积越大差异越明显。同样使得绿化屋顶有效削减了产流的峰值，但对产流总量和峰值延后时间影响不明显。

　　蓄水模块显著提升了绿化屋顶的径流滞蓄效果。通过场次降雨过程径流拦蓄效果分析可知，蓄水模块的滞蓄作用是十分显著的，基本上可以做到大雨不产流。即使在发生 142.6mm 的大暴雨时也能控制住 64.87% 的降水，比未设置蓄水模块的屋顶的产流延时增加了 335min，但在这种极端条件下峰值削减率能力有下降。蓄水模块中还配置了吸水柱，当屋顶基质水分含量低于田间持水量时可以向基质层输送水分。且相比于蓄排层，蓄水模块可以蓄滞更多的水分，且不会由于其蓄水作用使得绿化屋顶的基质层水分含量偏高。故而配置了蓄水模块的绿化屋顶基质层下渗速率更快，使得大雨以内场次降雨条件下基本不产流。而 8 月 12 日大暴雨时蓄水模块接近蓄满状态，吸水柱也无法加快其基质层水分下渗，且 B2 屋顶的佛甲草生长情况与覆盖程度均优于其他绿化屋顶，也减弱了基质层入渗能力，而使得当雨强以及降雨量超出一定范围时，其屋顶的峰值削减率减弱。

2.2.1.2 影响径流的主要因素

降雨量对绿化屋顶径流过程有明显影响。小雨情景下绿化屋顶基本不产流。试验监测期内共发生了 28 场小雨，绿化屋顶产流的仅有 7 月 18 日的 7.2mm 小雨，且这场小雨的前期无雨天数为 0.73 天，在 7 月 17 日发生的中雨已经使得 5 个绿化屋顶中除配置蓄水模块的 B2 屋顶外的 4 个产生了降雨径流，说明 7 月 18 日雨前绿化屋顶基质层水分含量已达饱和，小降雨量事件也会导致蓄满产流的发生。因此，在绿化屋顶的基质层含水量接近饱和的情况下发生的小雨也会使绿化屋顶产生径流，此时绿化屋顶的降雨径流控制率仍能达到 85%～100%，峰值削减率也可达 80%～100%，但由于此时的基质含水量已接近饱和，故而在产流延后和峰值延后控制上有所不足。

中雨情景下绿化屋顶降雨径流控制率与洪峰削减率都在 98%～100% 之间。试验监测期内共发生了 6 场中雨，仅在 7 月 17 日的 17.8mm 中雨发生产流，其前期干旱天数为 4.71 天，这场降雨的上一场降雨为 7 月 12 日发生的 44.2mm 大雨。在 7 月 17 日的中雨过程仅 A1、B1、B3 分别产生了 0.14mm、0.29mm、0.048mm 降雨径流，降雨径流控制率与峰值削减都在 98%～100% 之间。因此，绿化屋顶对中雨的降雨控制率效果明显，也是在屋顶基质水分含量接近饱和的情况下才会产生降雨径流。

大雨情景下产流量主要受降雨量的影响，同时受雨型影响产流机制和产量表现出一定的区别。试验监测期内共发生了 4 场大雨，有 3 场降雨除了 B2 屋顶外的绿化屋顶均形成了产流。其中，7 月 9 日降雨量是 4 场降雨量中最小的场次未产流，7 月 12 日、8 月 18 日、8 月 23 日 3 场降雨形成产流，场次降雨净流总量从大到小依次为 7 月 12 日、8 月 18 日、8 月 23 日。7 月 12 日和 8 月 18 日的降雨均属双峰雨型，前峰降雨形成的产流以超渗产流为主，后峰降雨形成的产流则以蓄满产流为主，因此，两场降雨产流过程同时受超渗产流和蓄满产流两种机制影响。8 月 23 日的降雨属单峰雨型，前期降雨强度较小，基质层接近饱和，场次降雨形成产流过程应以蓄满产流机制为主。因此，发生大雨时绿化屋顶产流的概率较大，降雨量越大产流量雨大，同时雨强以及基质层前期含水量的影响也不容忽视，若基质层前期含水量较低且雨强较大绿化屋顶的产流过程超渗产流为主。绿化屋顶的径流控制率可达 58.57%～100%，若未发生超渗产流的情况下的峰值削减率以及峰值延后时间都表现良好。若发生超渗产流，则径流控制率、产流延后时间、峰值削减率、峰值延后时间等径流调控参数都会有所降低。

在暴雨情景下绿化屋顶的径流控制率在 57%～72% 之间。试验监测期内共发生了 1 场暴雨，7 月 31 日发生暴雨时除 B2 屋顶外所有的绿化屋顶均产生了降雨径流，雨前各个屋顶的基质水分含量、植被密度存在一定差异，但几乎在同时发生了产流，相比平屋顶延迟了 20～25min，峰值削减率达 74%～93%，峰值延后时间都在 15～20min 之间，与平屋顶处于同一水平。表明在暴雨且雨强较大时，绿化屋顶在径流调控参数方面的表现均会下降，在产流延后时间和峰值延后时间方面的表现和混凝土屋面相近，在径流控制和峰值削减方面的表现虽有所下降但仍表现良好。

在大暴雨情景下绿化屋顶的径流控制率在 41%～65% 之间。试验监测期内共发生了 1

场暴雨，8月12日发生大暴雨时所有的绿化屋顶均产生了降雨径流，降雨雨型为双峰，除B2外的其他屋顶均在第一个雨峰时就开始产流，B2屋顶则是第二个雨峰时才开始产流。此次大暴雨虽然降雨量是最大的，但是相比暴雨来说，降雨分布并不集中，最大雨强也较小。故而此次降雨过程中所有屋顶的产流延后时间和峰值延后时间较明显。但径流控制和峰值削减率方面表现一般，一是因为降雨量增加了近60mm，二是降雨后峰时除B2外所有的屋顶都有产流，表明基质层含水率都达到了饱和，故而其峰值削减率方面表现一般。

2.2.2 透水铺装地面降雨径流特征

为掌握透水铺装地面的降雨径流特征，利用前述所建立的源头减排设施水文试验场，分别在人工降雨情况下和天然降雨情况下进行可实验研究。

2.2.2.1 天然降雨条件下的径流过程特征

天然降雨监测时间段介于2020年4月8日至7月27日之间，其间降雨场次共28场，总降雨量为210.40mm。根据《降水量等级》（GB/T 28592—2012），以24h段划分，大雨（24h降雨量介于25.00～49.90mm之间）2场，中雨（24h降雨量介于10.00～24.9mm之间）4场，小雨（24h降雨量小于10.00mm）22场。

1. 水量平衡分析

利用称重式蒸渗仪的监测数据进行了透水铺装地面的水量平衡分析，结果见表2.2。在监测时段内累计深层渗漏量为158.06mm，平均每日深层渗漏量为1.42mm/d。透水铺装表面没有产流，其蒸发总量为40.32mm，日平均蒸发量为0.36mm/d。土壤含水量增加12.02mm，日平均土壤含水量增加0.10mm/d。因此，透水铺装在监测时段内的深层渗漏量、蒸发量和土壤含水量变化量分别占水分损失总量的比例为75.12%、19.16%和5.72%。在整个监测时间序列中透水铺装未产生砾石层出流。

表2.2　　　　　　　　　蒸渗仪监测透水铺装水文过程分析结果

月　份	4	5	6	7	合计	日均值/(mm/d)
降雨总量/mm	18.80	38.60	18.40	134.60	210.40	1.90
砾石层出流量/mm	0	0	0	0	0	0
深层渗漏量/mm	9.58	24.38	11.10	113.00	158.06	1.42
土壤含水量变化量/mm	3.38	5.28	-2.90	6.26	12.02	0.10
蒸发量/mm	5.84	8.94	10.20	15.34	40.32	0.36

按月统计透水铺装的水量平衡过程，4月降雨量为18.80mm，其中深层渗漏量、土壤含水量变化量和蒸发量分别为9.58mm、3.38mm和5.84mm，占透水铺装水分损失总量的比例为50.96%、17.98%和31.06%。5月降雨量为38.60mm，其中深层渗漏量、土壤含水量变化量和蒸发量分别为24.38mm、5.28mm和8.94mm，占透水铺装水分损失总量的比例为63.16%、13.68%和23.16%。6月降雨量为18.40mm，是降雨最少的月份，同时受到6月气温升高，蒸发量显著增加的影响，土壤含水量呈现减少趋势（土壤含水量变化量为-2.90mm），深层渗漏量和蒸发量分别为11.10mm和10.20mm，占水分

损失总量的 52.11％和 47.89％。7 月降雨量最大为 134.60mm，其中深层渗漏量、土壤含水量变化量和蒸发量分别为 113.00mm、6.26mm 和 15.34mm，占透水铺装水分损失总量的比例为 83.95％、4.65％和 11.40％。结果表明，透水铺装的深层渗漏量占水分损失总量的比不小于 50％，蒸发量占降雨总量的比例不小于 10％。主要原因是透水铺装的渗透性较好，大部分的雨水将透过包气带补充地下水。从水文循环角度，可以认为透水铺装的主要水分损失项为深层渗漏。

进一步量化不同降雨条件对透水铺装水量平衡过程的影响。选取有代表性的三个时间序列，对应中雨、小雨、大雨，选取原则主要为监测时间段发生两场以上对应降雨等级的人工降雨。结果表明，在小雨、中雨、大雨条件下，随着降雨量的增加，深层渗漏量占透水铺装水分损失的比例显著增加分别为 37.07％、50.66％和 91.21％，小雨、中雨、大雨的日平均蒸发量为 0.29mm、0.30mm、0.61mm。小雨、中雨的日平均蒸发量差别不大的原因是温度的上升。小雨情景平均日蒸散发量小于大雨情景日平均蒸发量是由于降雨量的增加，因此蒸发量的变化受到降雨和温度综合影响。

2. 土壤水分变化过程分析

土壤水分受温度和降雨影响较大，但土壤水分总体上保持稳定状态。土壤水分监测结果表明，土壤水分的分层效果明显，如图 2.13 所示。距透水铺装面层 600mm、700mm、900mm、1100mm 和 1300mm 的五层土壤的含水率分别为介于 0.267～0.308、0.178～0.239、0.218～0.249、0.261～0.273 和 0.288～0.295 之间。

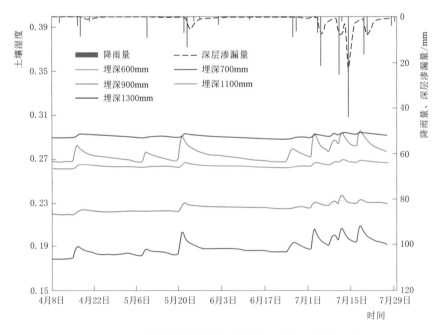

图 2.13　天然降雨情况下透水铺装的土壤水分变化过程

换填土层位于透水铺装垫层以下，受透水铺装垫层入渗作用影响显著，土壤水分的变化与降雨过程一致性较好，降雨峰值对应土壤含水率最大值。随着埋深增加土壤含水率呈现减小趋势，第二层（距透水铺装面层 700mm）土壤含水率比第一层（距透水铺装面层

600mm）的土壤含水率减少约 0.090。原状土主要为砂石含量较高的土壤，其入渗能力较好，因此土壤水分随着埋深的增加而增加。同时使得换填土层下部和原状土上部存在疏干层，导致第二层的土壤水分最低。此外，进入原状土层之后，由于埋深较大，土壤水分与对地面降雨的响应敏感度迅速降低，最底层（距透水铺装面层 1300mm）土壤水分基本保持稳定，随降雨变化不明显，基本处于接近饱和状态。

2.2.2.2 人工降雨条件下的径流过程特征

通过人工降雨试验，分析大雨量情景下透水铺装的水文循环规律。人工降雨量介于 10.00～100.00mm 之间，总降雨量 352.25mm，人工降雨场次 9 场，其中暴雨 2 场、大雨 5 场、中雨 2 场，人工降雨量最大和最小降雨量分别为 98mm 和 14mm。

1. 水量平衡分析

在 2019 年 11 月开展了 9 场人工降雨试验（2019 年 11 月 11—29 日），对该时间序列的水循环过程进行分析（表 2.3），其中深层渗漏量占水分损失总量的比例为 90.99%，表明大部分的降雨通过下渗回补地下水，土壤水分变化不明显，蒸发量占比 7.85%，日平均蒸发量达到了 1.46mm。主要原因是人工降雨的雨强与降雨量均较大，导致虽然温度较低，透水铺装的蒸发仍较大。在 11 月 20 日发生了砾石层出流事件，但出流量仅有 0.06mm，表明透水铺装在雨强、降雨量较大且降雨较密集的情况下，径流削减效果仍较好。

表 2.3　　　　　　　　　　人工降雨情况下透水铺装水量平衡分析

水循环要素	数量/mm	占比	平均值/mm
降雨量	352.25	—	18.54
砾石层出流量	0.06	0.02%	0
深层渗漏量	320.50	90.99%	16.87
土壤水分变化量	4.03	1.14%	0.21
蒸发量	27.66	7.85%	1.46

2. 土壤水分变化过程分析

人工降雨实验下的透水铺装土壤水分动态变化过程如图 2.14 所示，距透水铺装最上面的三层（600mm、700mm 和 900mm）的土壤水分对降雨的响应剧烈。埋深 1300mm 的土层虽有波动，但土壤水分基本保持稳定，其随降雨变化不明显，基本处于饱和状态。埋深 600mm、700mm、900mm、1100mm 和 1300mm 各层的土壤含水量变化范围分别介于 0.278～0.312，0.183～0.276，0.227～0.285，0.268～0.295 和 0.295～0.304 之间。总体变化趋势与天然降雨趋势相近，各层土壤含水量最小值与天然降雨相差不大，个别层最大值比天然条件有所增大，造成差异的主要原因是人工降雨的雨强比天然降雨雨强大。

2.2.3 生物滞留设施降雨径流特征

生物滞留设施的输入项包括降雨和汇水区的入流水量。监测时间段为 2020 年 5 月 1 日至 7 月 30 日，共 91 天。期间降雨天数 24 天，总降雨量 191.60mm。根据《降水量等级》（GB/T 28592—2012），以 24h 段划分，大雨 2 场，中雨 4 场，小雨 22 场。按月份划

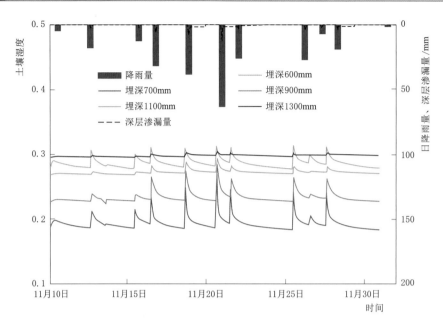

图 2.14 人工降雨实验下的透水铺装土壤水分变化过程

分，5 月降雨量 38.60mm，小雨 5 场、中雨 2 场；6 月降雨量 18.40mm，6 场小雨；7 月降雨量 68.80mm，小雨 7 场、中雨和大雨各 1 场。

2.2.3.1 水量平衡分析

对蒸渗仪处理的生物滞留设施进行水量平衡分析，结果见表 2.4。总汇水量 1096.92mm，其中，生物滞留设施区域降雨量为 191.60mm，凉亭汇水面约 21m²，根据《室外排水设计标准》（GB 50014—2021）规定，屋面的径流系数为 0.85～0.95，本研究取 0.90，因此蒸渗仪汇水量为 905.32mm。累计深层渗漏量为 390.04mm，平均每日深层渗漏量为 4.29mm/d。其总蒸散发量为 713.72mm，日平均蒸散发量为 7.84mm。土壤含水量减少 7.04mm。砾石层出流量为 0.20mm。因此，生物滞留设施在监测时段内的深层渗漏量、蒸散发量、砾石层出流量分别占生物滞留设施水分损失总量的比例为 35.33%、64.65% 和 0.02%。

表 2.4　　　　　　　　　　生物滞留设施的水文过程分析结果　　　　　　　　　单位：mm

月　份	5	6	7	合计
降雨量	38.60	18.40	134.60	191.60
汇水量	182.39	86.94	635.99	905.32
深层渗漏量	56.78	6.16	327.10	390.04
砾石层出流量	0.00	0.00	0.20	0.20
地表水位变化量	0.00	0.00	0.00	0.00
土壤含水量变化量	7.90	−27.46	12.52	−7.04
总蒸散发量	156.31	126.64	430.77	713.72
日均蒸散发量	5.04	4.22	14.36	7.84

按月进一步分析，5月生物滞留设施的雨水总汇水量为220.99mm（包括直接落在生物滞留设施的雨水38.60mm和凉亭屋顶汇水量182.39mm）。基于监测数据，生物滞留设施的深层渗漏量、土壤水分变化量和蒸散发量分别为56.78mm、7.90mm和156.31mm，则日平均深层渗漏量、土壤水分变化量、蒸散发量分别为1.83mm/d、0.25mm/d和5.04mm/d。深层渗漏量和蒸散发量分别占生物滞留设施水分损失总量的比例为26.65%、73.35%。6月总汇水量为105.34mm（包括直接落在生物滞留设施的雨水18.40mm和凉亭屋顶汇水量86.94mm），由于6月进入汛期即使有适量降雨，但仍为降雨较少的月份，同时受到6月气温升高，蒸散发量显著增加的影响，土壤水分含量呈现明显减少趋势（土壤水分变化量为−27.46mm），深层渗漏量和蒸散发量分别为6.16mm和126.64mm，日平均深层渗漏量和蒸散发量为0.21mm/d和4.22mm/d。深层渗漏量和蒸散发量分别占水分损失总量的比例为4.64%和95.36%。7月总汇水量最大为770.59mm（包括直接落在生物滞留设施的雨水134.60mm和凉亭屋顶汇水量635.99mm）。其中深层渗漏量、蒸散发量、土壤含水率变化量、砾石层出流量分别为327.10mm、430.77mm、12.52mm和0.20mm，则日平均深层渗漏量、蒸散发量、土壤含水率变化量、砾石层出流量分别为10.90mm/d、14.36mm/d、0.42mm/d和0.01mm/d。深层渗漏量、蒸散发量、砾石层出流量占水分损失总量的比例为43.15%、56.82%和0.03%。这是由于7月气温较高，生物滞留设施的蒸散发能力强，同时充足的水分条件使得其实际日蒸散发量显著增加。

统计结果表明，生物滞留设施水分损失受降雨来水影响较大，因此其变化波动比较明显，生物滞留设施由于蒸散发损失和深层渗漏损失强烈，其土壤水分变化过程较显著。由于生物滞留设施渗透性较好，同时受到土壤蒸发和植被蒸腾的水分损失作用，在特别干旱降雨时段土壤水分显著下降，因此，生物滞留设施的降雨损失主要为蒸散发过程，生物滞留设施经包气带渗漏的水可补给地下水，可有效减少降雨产流，起到削减径流量、缓解城市热岛效应的作用。

2.2.3.2　土壤水分变化过程

生物滞留设施种植土层、填料层和原状土层的土壤水分分别介于0.081~0.388、0.104~0.316、0.139~0.315之间，如图2.15所示。种植土层的土壤水分最大值出现时间为7月3日，对应的降雨量为21.80mm；填料层与原状土层土壤水分最大值出现时间为7月12日，对应的降雨量为44.00mm。

土壤水分分层监测结果表明，土壤水分的分层效果明显。位于种植土层和填料层的4层土壤水分变化趋势大致相同，分别介于0.073~0.431、0.093~0.328、0.118~0.293和0.167~0.311之间，这主要由于填料入渗性能好，土壤水分与降雨的相关性显著。位于原状土层的2层土壤水分变化不大，且土壤水分率变化趋势一致，分别介于0.260~0.307和0.272~0.292之间，这主要是由于该层是埋深较大和砂石含量较高的原状土层，其入渗能力较好。由于生物滞留设施入渗量显著增加，土壤水分随着埋深的增加而增加，由于埋深较大，土壤水分与对地面降雨的相应敏感度迅速降低，底部原状土层（距生物滞留设施土面1000mm和1100mm）的土壤水分基本保持稳定，随降雨变化不明显，基本处于饱和状态。

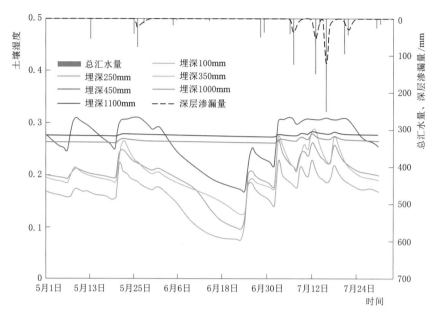

图 2.15　生物滞留设施土壤水分变化过程

2.3　径流调控区域的水文过程

大面积建设径流调控设施后将对区域尺度的降雨径流等水文过程产生影响。基于所建立的多尺度水文监测系统的数据资料,深入分析了径流调控区域的水文过程,水循环机理,量化了水循环过程的关键参数。

2.3.1　径流调控区域的水循环机理

以海绵城市建设区为研究对象分析径流调控区域的水循环机理,分别从海绵城市建设区内部的水循环机理和区域水量的输入输出两方面进行分析,如图 2.16 所示。

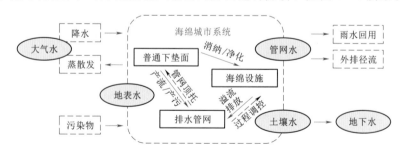

图 2.16　海绵城市建设区域的水循环机理

2.3.1.1　内部水循环机理

在径流调控区域内,普通下垫面、海绵设施和排水管网存在密切的水力联系。在海绵城市建设中,强调将普通下垫面形成的地表径流引入海绵设施进行消纳和净化,随后溢流排放进入排水管网（普通下垫面→海绵设施→排水管网）。但在场地条件不允许时，也不排除普通下垫面产生的地表径流和面源污染未经海绵设施处理，直接排入雨水管网的情况发生（普通下垫面→排水管网）。而当管网排水能力不足时，排水管网中的径流及污染物可能通过管网顶托作用返回普通下垫面，形成地表积水（排水管网→普通下垫面）。此外，海绵城市建设不仅强调源头减排，排水管网中的径流和污染物还可以通过海绵设施进行过程和末端调控（排水管网→海绵设施）。

2.3.1.2 区域水量的输入与输出

海绵城市系统对系统输入项和输出项的复杂响应关系，直接影响到海绵城市系统的建设效果。从水文过程的角度进行分析，海绵城市系统的输入项主要包括降雨和污染物两部分，分别对应海绵城市重点关注的水量和水质过程。海绵城市系统的输出项主要包括：①通过蒸散发返回大气；②通过深层入渗后进入地下含水层；③通过管网进入河湖水系的外排径流；④由多种方式实现的雨水回用。需要予以明确的是，本书所涉及的污染物输入及径流污染物外排过程主要针对大气干湿沉降过程以及机动车、行人、生活垃圾等引起的城市面源污染，而不包括城市生活污水及其他点源污染。

相较传统城市建设区而言，通过海绵城市系统的构建，能够在降雨和污染物输入保持不变的前提下，根据海绵城市建设目标，优化海绵城市系统输出项，即蒸散发、地下水、外排径流、雨水回用量之间的分配比例。对照《海绵城市建设技术指南》中给出的海绵城市建设目标，减少外排水量及污染物无疑是最为关键的，此外还强调通过海绵城市建设增加雨水回用量。但通过海绵城市建设减少的这一部分外排径流究竟是增加了蒸散发量，还是回补了地下水，或是滞留在海绵城市系统内部，是非常复杂且不应回避的问题，需要结合实际的区域特点与具体的海绵城市建设目标，从水循环的角度进行深入的分析讨论。

2.3.2 径流调控区域的水循环过程

继续以海绵城市建设区为研究对象分析径流调控区域的水循环过程。传统的自然流域水循环过程主要研究大气水-地表水-土壤水-地下水"四水"转化关系。考虑到在海绵城市建设区，管网是最为活跃的水流路径，能够人为组织和串联不同的产流单元与海绵设施。同时，管网汇流取代了传统自然流域的地表汇流过程，成为径流外排的主要途径。因此，需要在传统"四水"转化的基础上考虑管网蓄水的重要作用，研究海绵城市建设区的"大气水-地表水-土壤水-管网蓄水-地下水"转化过程，即"五水"转化，如图2.17所示。

2.3.2.1 径流的形成与外排

对于不透水下垫面而言，降雨扣除初损和蒸散发后，转化为地表径流（①产流：大气水→地表水）。其中一部分地表径流汇入海绵设施，另一部分直接通过雨水口排入雨水管网，由地表水转化为管网蓄水（②排水：地表水→管网蓄水）。对于透水下垫面和海绵设施而言，降雨首先消耗于初损过程，完全入渗进入土壤，直接完成大气水与土壤水的转化（③地表入渗：大气水→土壤水）。随着降雨量与土壤含水率的增加，当降雨强度超过表层土壤的入渗能力或是表层土体完全饱和时，才可能发生地表产流（①产流：大气水→地表水）。

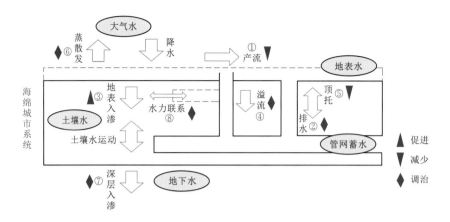

图 2.17　海绵城市建设区的"五水"水转化过程示意图

注："促进"指海绵城市建设会加强这一水转化过程；"减少"指海绵城市建设会抑制
这一水转化过程；"调治"指海绵城市建设会优化这一水转化过程。

2.3.2.2　土壤水转化过程

降雨过程中，地表积水与降雨逐渐渗入土壤，完成地表水向土壤水的转化（③地表入渗：地表水→土壤水）。降雨结束后，增加的土壤水一部分通过蒸散发作用返回大气（⑥蒸散发：土壤水→大气水），一部分通过包气带土壤水分运动进入地下含水层（⑦深层入渗：土壤水→地下水）。海绵城市建设强调降雨的就地消纳，因此在直接减少地表水和管网蓄水的同时增加了土壤水，随后又间接增加了大气水与地下水。

2.3.2.3　管网水的转化

管网蓄水是城市建设区和自然流域水循环过程的重要区别之一，并且海绵城市建设进一步强化了管网的径流传输与汇流组织功能，因此其管网蓄水转化过程也更为复杂。海绵城市建设区的管网蓄水转化过程主要包括以下四种方式：发生在普通下垫面的地表径流直接外排过程（②排水：地表水→管网蓄水）；发生在海绵设施表层的超标雨水径流溢流排放过程（④溢流：地表水→管网蓄水）；管网排水能力不足时的管网蓄水顶托过程（⑤顶托：管网蓄水→地表水）；发生于渗透型排水管的土壤水与管网蓄水相互转化过程（⑧水力联系：土壤水↔管网蓄水）。因此，海绵城市建设区管网蓄水与其他水量成分具有复杂的转化关系，这也是海绵城市建设区水循环过程与自然流域水循环过程的主要差异。

2.3.2.4　地下水的转化

通过海绵改造使土壤表层的渗透性能和持水性能均有利于雨水入渗补给地下水。但随着入渗过程的持续发展，当湿润锋运动到海绵设施底部的原状土层时，制约入渗速率的不再是表层渗透能力而是地下土层的渗透能力。因此，在评估渗透型海绵设施时，仅分析海绵设施内部的渗透能力仍不够全面，还应综合考虑地下土层渗透能力的制约影响。当海绵设施底部存在相对弱透水层时，单纯依靠地表海绵设施不一定能够满足入渗目标的要求，需要辅助渗井、辐射井等强化入渗设施。

2.3.2.5　水文过程通量变化

基于构建的数值模型，研究建设海绵城市的径流调控区域内水文过程通量的变化规律，结果如图 2.18 所示。海绵城市建成前，降雨中其中蒸发量占 22％，大约 26％通过入渗蓄存在地下水位以上的土壤包气带中，或通过重力方法补给地下水，剩余 52％通过排水管网外排到河道中。在城市化区域，由于建筑物和地上衬砌的影响，不透水面积增大，即"城市地表硬化"，截断了水分入渗及补给地下水的通道，致使地表径流增大，土壤含水量和地下补给量减少。对排水系统和城市防洪构成了更大的压力，影响交通和居民生活。海绵城市建成后，通过源头调控、管网调控和末端调控等措施增加地面下渗、减少地表径流、蒸发加大，海绵建设之前降雨中通过排水管网外排的 52％的水量减少到 16％，其中 22％通过源头调控减少、5％的水量通过管网调控减少、9％水量通过末端调控减少，源头调控减少的水量中又有 5％和 17％的水量分别增加到蒸发水量和地下水水量中，蒸发水量由 22％增加到 27％，地下水储存量由 26％增加到 43％。

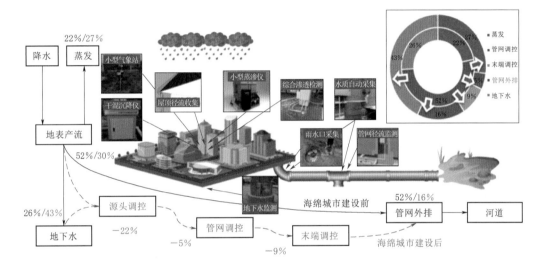

图 2.18 建设海绵城市的径流调控区域水文过程通量变化关系

2.4 城市地表产污规律

城市降雨径流的污染物一部分来自天然降雨，另一部分来自屋面、绿地、硬化地面。通过大量试验观测，探明了大气沉降的污染特性和屋顶、绿地与硬化地面的污染特性。

2.4.1 大气沉降的污染特性

2.4.1.1 北京大气的主要污染物

大气沉降是指大气中的污染物通过一定的途径被沉降至地面或水体的过程。空气中的各种粉尘颗粒物，在风力作用或者是通过雨、雪等降水方式间接沉降到地面，因此，可将大气沉降分为两种形式，一种是干沉降，另一种是湿沉降。

大气沉降是新增和外在污染物的主要输入方式，排入大气的污染物质一般会吸附于大气颗粒物并随大气颗粒物以沉降的方式进入水环境和土壤环境，随之带来的诸如水体富营养化、土壤酸化、水体土壤重金属污染等环境问题。我国监测的环境空气污染物基本项目

共有 $PM_{2.5}$、PM_{10}、CO、NO_2、SO_2、O_3 六种。2018 年，全国 338 个城市的空气质量监测结果表明，发生重度污染 1899 天次，严重污染 822 天次，其中以 $PM_{2.5}$ 为首要污染物的天数占总污染天数的 60.0%，以 PM_{10} 为首要污染物的占 37.2%。由此可见，大气中颗粒物的污染情况尤为严重。虎彩娇等通过研究发现，北京、武汉、广州、南京等城市大气 $PM_{2.5}/PM_{10}$ 值均大于 0.50，表明这些城市的 PM_{10} 主要由 $PM_{2.5}$ 构成。$PM_{2.5}$ 主要来源于扬尘、烟煤尘、机动车尾气、生物质燃烧等；乔宝文等通过因子分析得出北京市冬季 $PM_{2.5}$ 主要来源于燃煤和生物质燃烧、交通和工业排放以及地面扬尘，且细颗粒物中含有大量的金属元素；李嘉绮等通过连续监测，发现上海市浦东地区大气颗粒物污染以外部输入为主，本地道路扬尘、汽车尾气等也有较大贡献；陈源等分析得出重庆市城区细颗粒物以有机物（OM，30.8%）为主，其主要来源是二次粒子、燃煤、道路扬尘、土壤尘和工业尘；田莎莎等通过建立 PMF 模型对沈阳市颗粒物来源进行解析，发现 $PM_{2.5}$ 主要来自扬尘源、二次源、交通源、工业源、燃煤源等 5 个因子。

2.4.1.2　北京大气主要污染物的长期演变特征

北京的空气污染主要表现为冬季 $PM_{2.5}$ 污染，夏季 O_3 污染，SO_2 已经不是北京空气的主要污染物，NO_x 是空气污染的主要气态成分。奥运会期间，北京城市生态系统研究站开始在龙潭湖公园和中国科学院生态环境研究中心进行 $PM_{2.5}$ 监测，是国内较早关注以 $PM_{2.5}$ 为代表的细颗粒物的研究机构。

2008 年，为了迎接奥运会的召开，北京开始限制空气污染企业的产能。但奥运会后受限企业所积压的产能集中释放，2009 年城乡结合区域的空气质量下降，空气污染强烈反弹。整体上，从 2009 年以后北京的 $PM_{2.5}$ 浓度呈现的规律是波动下降趋势。SO_2 是硫酸盐的重要前体物，是空气中灰霾集中爆发的重要化合物。其主要来源于燃煤释放，也是机动车尾气的组分。近十多年来，SO_2 整体呈现下降趋势，已经构不成首要污染物，如图 2.19 所示。O_3（臭氧）是二次污染物，其主要来源是氮氧化物光解，也会和 NO 反应再次生成 NO_2，不断循环。臭氧因为强氧化性而有利弊两面。高浓度臭氧会危害人类健康和自然生态系统安全。近十多年来，臭氧浓度经历了先上升后下降的过程，特别是在 2017 年、2018 年，下降明显。可以用二次函数曲线描述其在奥运会后的演变规律。

2.4.1.3　大气磷、氮沉降特征

2016—2019 年，对北京市教学植物园和双清路监测点的大气沉降的氮磷特征进行研究，分析其随时间的变化特征。

1. 教学植物园监测点大气沉降特征

教学植物园监测点的混合、湿沉降的 pH 值高低及其随时间的变化趋势基本一致，如图 2.20 和图 2.21 所示。教学植物园的混合沉降与湿沉降的 TP 均集中在 2019 年夏季，混合沉降 TP 浓度整体水平小于湿沉降。教学植物园的混合沉降与湿沉降的 PO_4^{3-} 沉降 2019 年春季最显著，混合沉降 PO_4^{3-} 浓度整体水平大于湿沉降。混合沉降和湿沉降 PO_4^{3-} 浓度总体水平均大于 TP 浓度总体水平。教学植物园的混合沉降、湿沉降 TN、NO_3^- 和 NH_4^+ 均集中在夏秋两季，NO_2^- 混合沉降、湿沉降则多出现在春夏两季。教学植物园混合沉降 TN 浓度和 NO_3^- 浓度整体水平小于湿沉降，混合沉降 NH_4^+ 浓度和 NO_2^- 浓度整体水平大于湿沉降。不同形态的氮沉降其浓度高低，混合沉降和湿沉降之间存在差异，混

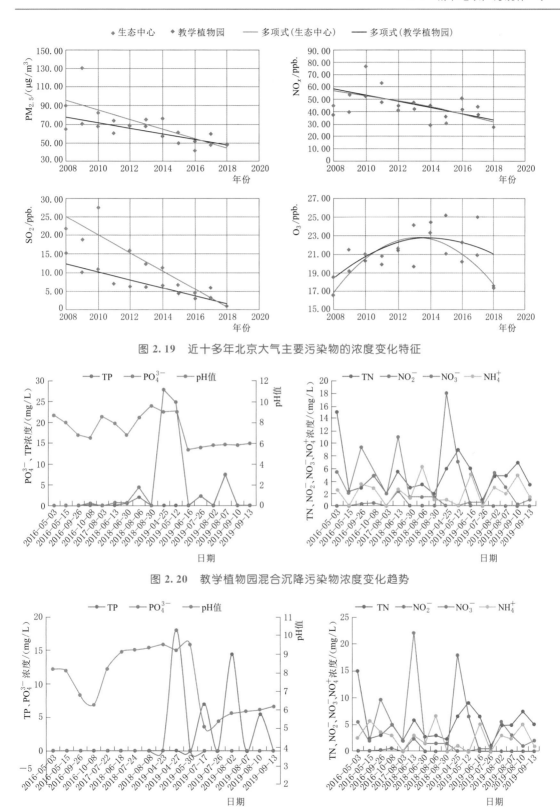

图 2.19 近十多年北京大气主要污染物的浓度变化特征

图 2.20 教学植物园混合沉降污染物浓度变化趋势

图 2.21 教学植物园湿沉降沉降污染物浓度变化趋势

合沉降呈现 $TN > NO_3^- > NH_4^+ > NO_2^-$，湿沉降 $NO_3^- > TN > NH_4^+ > NO_2^-$。

2. 双清路监测点大气沉降特征

双清路大气混合沉降、湿沉降的 pH 值高低及其随时间的变化趋势基本一致，如图 2.22 和图 2.23 所示。大气湿沉降 TP 浓度在 2018 年春季最高，PO_4^{3-} 浓度在 2019 年春季最高；混合沉降 TP 在 2018 年夏季最高，PO_4^{3-} 在 2019 年春季最高。双清路的混合沉降与湿沉降的 TP 均集中在 2018 年春夏两季，PO_4^{3-} 则出现在 2019 年春夏两季。混合沉降 PO_4^{3-} 浓度整体水平大于湿沉降。双清路监测期内大气湿、混合沉降 NH_4^+、NO_3^- 和 TN 浓度变化趋势基本同步，大气湿、混合沉降的四个指标浓度整体上呈现：$NO_3^- > TN > NH_4^+ > NO_2^-$。大气湿沉降 NH_4^+、NO_3^- 和 TN 浓度在 2016 年冬季最高，而 NO_2^- 于 2019 年春季最高；混合沉降 NH_4^+ 和 TN 在 2016 年冬季最高，NO_3^- 浓度在 2017 年春季最高，而 NO_2^- 在 2019 年春季最高。TN、$NO_3^- - N$、NH_4^+ 混合沉降和湿沉降均在春夏两季显著增大，NO_2^- 混合沉降多出现在春夏两季，而湿沉降则集中在 2019 年夏季。

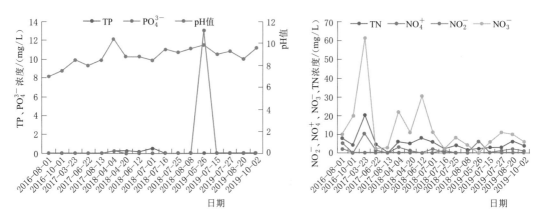

图 2.22　双清路混合沉降污染物浓度变化趋势

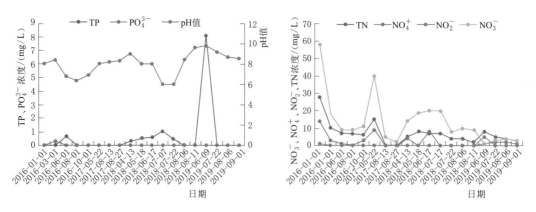

图 2.23　双清路湿沉降污染物浓度变化趋势

3. 不同监测点大气磷、氮沉降特征比较

综合教学植物园和双清路两个监测点磷、氮沉降的特征，可知：

（1）双清路监测点混合沉降、湿沉降的 pH 值明显大于教学植物园监测点的 pH 值，其变化趋势与其存在明显差异。

（2）磷沉降，教学植物园监测点的混合沉降和湿沉降的 TP 和 PO_4^{3-} 沉降分别集中在2019 年夏季和 2019 年春季；双清路监测点混合沉降与湿沉降的 TP 均集中在 2018 年春夏两季，PO_4^{3-} 则出现在 2019 年春夏两季。

（3）氮沉降，教学植物园监测点的混合沉降、湿沉降 TN、NO_3^- 和 NH_4^+ 均集中在夏秋两季，NO_2^- 混合沉降、湿沉降则多出现在春夏两季，不同形态氮沉降过程中，混合沉降浓度呈现 TN＞ NO_3^-＞NH_4^+＞ NO_2^-，湿沉降浓度 NO_3^-＞ TN ＞NH_4^+＞ NO_2^-。

双清路监测点 TN、NO_3^-、NH_4^+ 混合沉降和湿沉降均在春夏两季显著增大，NO_2^- 混合沉降多出现在春夏两季，而湿沉降则集中在 2019 年夏季。混合、湿沉降中，氮指标浓度整体上呈现：NO_3^-＞TN＞NH_4^+＞ NO_2^-。

2.4.2 屋面污染物特征

在 2016 年的四场降雨过程中，对北京市水科学技术研究院院内种植有佛甲草的新绿化屋顶和普通彩钢板坡面屋顶的径流水质进行了监测，并同步监测了天然降雨水质，依据监测数据分析了总磷、总氮、氨氮、悬浮物、pH 值、COD 等变化规律。

2.4.2.1 普通屋面

四场降雨中普通屋面总磷浓度、总氮浓度、氨氮浓度、悬浮物浓度、pH 值、COD浓度的变化范围见表 2.5。

表 2.5　　　　　　　　普通屋面四场降雨中污染物浓度变化范围

日　　期	2016－06－09	2016－07－19	2016－07－20	2016－07－30
总磷浓度/(mg/L)	0.01～0.1	0.01～0.1	0.01～0.25	0.01～0.05
总氮浓度/(mg/L)	4.0～18.0	12.0～62.0	0.1～10.0	6.0～17
氨氮浓度/(mg/L)	3.0～12.0	4.0～28.0	0.1～6.8	4.0～8.2
悬浮物浓度/(mg/L)	1.0～13.0	20～42.0	4.0～19.0	—
pH 值	7.1～7.65	6.6～7.1	6.5～9.0	6.9～7.1
COD 浓度/(mg/L)	30～200	10～70	5.0～30.0	10～60

1. 总磷

不同场次的天然降雨中总磷的浓度稍有差异，但坡面屋顶径流中总磷浓度与天然降雨中的总磷浓度差别不大，并且变化趋势相同。四场降雨中总磷最低浓度为 0.01mg/L，最高浓度为 0.25mg/L，平均浓度为 0.07mg/L。

2. 总氮

不同场次的天然降雨中总氮的浓度稍有差异，但坡面屋顶径流中总氮浓度与天然降雨中的总氮浓度差别不大，并且变化趋势相同。四场降雨中总氮最低浓度为 0.1mg/L，最高浓度为 62mg/L，平均浓度为 16mg/L。

3. 氨氮

天然降雨和坡面屋顶径流中氨氮浓度的趋势一致，天然降雨中的氨氮浓度随时间增加而逐渐降低，坡面屋顶的径流也呈现出此种规律。降雨量逐场增加，氨氮浓度随降雨量的增加而逐渐降低。四场降雨中氨氮最低浓度为 0.1mg/L，最高为浓度 28mg/L，平均浓度为 8.25mg/L。

4. 悬浮物

悬浮物的浓度在天然降雨、坡面屋顶径流中基本上随时间呈上升趋势。四场降雨中悬浮物最低浓度为 0mg/L，最高浓度为 42mg/L，平均浓度为 16.3mg/L。

5. pH 值

不同场次的天然降雨中 pH 值稍有差异，但坡面屋顶径流中 pH 值与天然降雨中的 pH 值差别不大，并且变化趋势相同。四场降雨中 pH 值最低为 6.5，最高为 9，平均为 7.2。

6. COD

不同场次的天然降雨中 COD 的浓度稍有差异，但坡面屋顶径流中 COD 浓度与天然降雨中的 COD 浓度别不大，并且变化趋势相同。四场降雨中 COD 最低浓度为 5mg/L，最高浓度为 200mg/L，平均浓度为 52mg/L。

2.4.2.2　新绿化屋面

四场降雨中新绿化屋面总磷浓度、总氮浓度、氨氮浓度、悬浮物浓度、pH 值、COD 浓度的变化范围见表 2.6。

表 2.6　　　　　　　　　新绿化屋面四场降雨中污染物浓度变化范围

日　　期	2016 - 06 - 09	2016 - 07 - 19	2016 - 07 - 20	2016 - 07 - 30
总磷浓度/(mg/L)	0.42～0.7	0.5～0.9	0.01～0.25	0.03～0.14
总氮浓度/(mg/L)	15～37	10～100	0.1～55	2～5
氨氮浓度/(mg/L)	10～18	1～12	0.2～4.5	3～11
悬浮物浓度/(mg/L)	4.5～15	35～55	4～11	—
pH 值	7～7.2	7.18～7.6	7.5～8	7.4～8
COD 浓度/(mg/L)	580～1050	80～240	110～220	160～210

1. 总磷

新屋顶绿化径流中总磷浓度明显高于天然降雨和坡面屋顶，平均浓度约为天然降雨和坡面屋顶径流中浓度的 6～7 倍。说明在实际应用中，新屋顶绿化基质里的磷会释放到径流中。四场降雨中总磷最低浓度为 0.01mg/L，最高浓度为 0.9mg/L，平均浓度为 0.37mg/L。

2. 总氮

虽然不同场次总氮浓度相差较大，但新屋顶绿化径流中的总氮浓度基本高于天然降雨和坡面屋顶径流中的总氮浓度。平均浓度约为天然降雨和坡面屋顶径流中浓度的 3～4 倍。说明由于屋顶绿化的植被层及基质层，屋顶绿化会析出氮。四场降雨中总氮最低浓度为 0.1mg/L，最高浓度为 100mg/L，平均浓度为 28mg/L。

3. 氨氮

新屋顶绿化径流和天然降雨中氨氮浓度的趋势一致，天然降雨中的氨氮浓度随时间增加而逐渐降低，新屋顶绿化和坡面屋顶的径流也呈现出此种规律。降雨量逐场增加，氨氮浓度随降雨量的增加而逐渐降低。在降雨量小的情况下，屋顶绿化径流中氨氮浓度明显高于天然降雨；但随着降雨量的增大，屋顶绿化径流中氨氮浓度与天然降雨中氨氮浓度逐步趋于一致。四场降雨中氨氮最低浓度为 0.2mg/L，最高为浓度 18mg/L，平均浓度为 7.5mg/L。

4. 悬浮物

悬浮物的浓度在天然降雨、新屋顶绿化径流中基本上随时间呈上升趋势。四场降雨中悬浮物最低浓度为 4mg/L，最高浓度为 55mg/L，平均浓度为 15.6mg/L。

5. pH 值

新屋顶绿化的 pH 值明显大于天然降雨和坡面屋顶的 pH 值，说明在酸雨污染严重的城市，建设屋顶绿化可以有效地缓解城市酸雨污染。四场降雨中 pH 值最低为 7，最高为 9，平均为 7.5。

6. COD

相比天然降雨和坡面屋顶径流中的 COD 浓度，新屋顶绿化径流中 COD 浓度明显偏高，屋顶绿化径流的 COD 浓度大约为天然降雨和坡面屋顶径流中 COD 浓度的 7～10 倍。说明新屋顶绿化的径流会将基质中的 COD 析出是径流中的 COD 升高。随降雨量增大，整体上屋顶和天然降雨的 COD 浓度降低。四场降雨中 COD 最低浓度为 80mg/L，最高浓度为 1050mg/L，平均浓度为 331mg/L。

2.4.3 绿地污染物特征

由于绿地土壤对降雨具有入渗能力，因此一般情况下在降雨初期绿地几乎不产生径流，尤其在较小强度、降雨总量也不大的场次降雨过程中，绿地将不产生径流。目前提倡建设下凹式绿地，若绿地低于周围硬化铺装 5cm，5 年一遇的降雨条件下绿地不产流；若绿地低于周围硬化铺装 10cm，10 年一遇的降雨条件下也不产流。即使在降雨强度较大、绿地坡度较大时，由于绿地土壤及种植草坪植被对降雨径流污染物的拦截、过滤与吸附等作用，使得绿地的径流水质要优于其他形式的下垫面，且变化幅度也较小。

2.4.3.1 普通草地

采用人工模拟降雨系统对砂壤土种植高羊茅的草地进行不同坡度和雨强情况下的径流过程水质监测，得到高羊茅草地径流中污染物（SS、TP、DP、COD、TN）浓度随降雨强度、坡度的变化见表 2.7。

表 2.7　　　　　　　高羊茅草地径流中污染物随降雨强度、坡度的变化

坡度/(°)	雨强/(mm/min)	污染物浓度/(mg/L)				
		TP	DP	SS	COD	TN
0	100	0.12～0.16	0.05～0.16	50～350	2～13	11～13
5	50	0.2～0.4	0.2～0.38	10～220	5～13	12～14
	65	0.38～0.5	0.37～0.43	100～270	4～18.5	16～19
	100	0.18～0.55	0.15～0.36	50～370	2.6～23	20～24

续表

坡度/(°)	雨强/(mm/min)	污染物浓度/(mg/L)				
		TP	DP	SS	COD	TN
10	50	0.4~0.55	0.4~0.42	60~220	2~15	13.5~16
	65	0.4~0.5	0.38~0.42	140~275	3~20	18~21
	100	0.5~0.6	0.32~0.50	130~200	3~26	22~28

高羊茅草地在不同雨强及坡度条件下径流中主要污染物（SS、TP、COD、TN）随降雨历时的变化规律如下。

1. SS

在产流后的较短时间内，SS 浓度随降雨历时延长先迅速降低，随后减少速度变缓，其浓度在波动中渐趋稳定，污染物浓度变化规律大致符合对数曲线规律。坡度和雨强增大，产流时间提前。草地能有效延长产流时间，在降雨初期，雨滴溅蚀破坏土壤团聚体结构，分散表层土壤，土壤颗粒被初期径流卷携，导致 SS 浓度很高。坡度不变，SS 浓度随着雨强增大而增大，坡度为 10°，100mm/h 雨强下 SS 浓度（200mg/L）是 50mm/h 雨强下 SS 浓度（75mg/L）的 2.7 倍；降雨强度不变，SS 随着坡度增大而增大，降雨强度为 100mm/h，10°坡度径流 SS 浓度（200mg/L）为 0°坡度径流 SS 浓度（50mg/L）的 4 倍。

2. TP

磷素与 SS 变化规律相似，污染物浓度变化规律大致符合对数曲线规律。0°坡度径流磷素流失以溶解态为主，10°坡度径流磷素流失以颗粒态为主。初期降雨后，雨水对裸地地面的冲刷基本稳定，同时土壤表层被压实并形成水膜，使被径流卷携出的颗粒物和磷素浓度也基本稳定。坡度不变，TP 随着降雨强度的增大变化较小，坡度为 10°，100mm/h 雨强下 TP 浓度（0.5mg/L）是 50mm/h 雨强下 TP 浓度（0.44mg/L）的 1.13 倍。降雨强度不变，TP 随着坡度增大而增大，降雨强度为 100mm/h，10°坡度径流 TP 浓度（0.5mg/L）为 0°坡度径流 TP 浓度（0.13mg/L）的 3.8 倍。

3. TN

氮素主要由硝态氮组成，氨氮的浓度较低，这主要由于氨氮易被氧化为硝态氮。在控制径流污染时，首要是控制初期径流。草地污染物浓度较裸地降低 23.90% 以上。这是因为草地能截留雨水并延长雨水到达地面的路径，减少降雨对地面的直接冲刷，同时植物根际能提高土壤粗糙度，改善土壤物理性质，有利于下渗，使草地显著降低径流量和土壤颗粒的流失。坡度不变，TN 浓度随着雨强增大而增大，坡度为 10°，100mm/h 雨强下 TN 浓度（22mg/L）为 50mm/h 雨强下 TN 浓度（13mg/L）的 1.7 倍；降雨强度不变，TN 随着坡度增大而增大，降雨强度为 100mm/h，10°坡度径流 TN 浓度（22mg/L）为 0°坡度径流 TN 浓度（12mg/L）的 1.8 倍。

4. COD

高羊茅草地初期径流中 COD 的浓度较高，且下降速度较快，但最后均处于稳定。坡度不变，COD 浓度随着雨强的增大而增大，坡度为 10°，100mm/h 雨强下 COD 浓度（4mg/L）是 50mm/h 雨强下 COD 浓度（2mg/L）的 2 倍。降雨强度不变，COD 随着坡度增大而增大，降雨强度为 100mm/h，10°坡度径流 COD 浓度（5mg/L）为 0°坡度径流 COD 浓度（4mg/L）的 1.25 倍。

2.4.3.2 林地

对坡度为 20°海拔 155m、株行距为 20m×5m 的灌木林地，进行了两场降雨的径流过程水质监测，两次径流的污染物浓度见表 2.8。

表 2.8 林地地表径流 SS 和磷素浓度

日　期	污染物浓度/(mg/L)			
	TP	TN	COD	SS
2015-07-20	0.973	24.02	134.15	357
2015-08-07	0.422	19.13	89.31	211

1. SS

林地对天然降雨有很好的蓄积效果，北京雨季多次降雨大部分林地均不会产流，降雨由土壤完全下渗。仅 2 次产流的灌木林在径流冲刷出的 SS 浓度并不高，相比于相同雨强条件下的裸地 SS 浓度低很多，径流水样较为澄清。

2. TP

TP 含量较高，说明林地磷素含量丰富，且 TP 的主要成分为 PP，即磷素大部分为 SS 上挟带的磷，通过径流土壤表层的颗粒物被冲刷下来，卷挟大量颗粒态磷。两场雨中典型林地的磷素流失量中溶解态占较大比例，溶解态磷分别占总磷的 29.4% 和 61.8%。

3. TN

林地地表径流氮素浓度较高，这主要因为林地地表有大量的腐烂的树叶，降雨时会有大量的有机物随径流冲刷下来。

4. COD

林地地表有大量的腐烂的树叶，降雨时会有大量有机物随径流冲刷，使林地径流中 COD 浓度较高；但径流量小，因此污染物流失总量并不多。

2.4.4 硬化地面污染物特征

考虑清扫频次、车流量、污染物来源等不同因素的影响，硬化地面分为城市道路、小区道路和公园广场三类，各类下垫面积累的污染物成分复杂，来源较多，都不同程度地受到人为因素的影响。开展不同类型硬化地面的面源污染负荷现场采样与检测分析，分类定量各污染物负荷范围。实验点选取分布在建成区内各个城市道路、公园、小区内，实验集中在 4—9 月，共计实验场次 44 次，统计得到不同下垫面的污染物负荷结果，并计算其采样实验的最小值、最大值、均值和中位值。

2.4.4.1 城市道路

监测时段内研究区城市道路 SS 变化范围为 51.02～4540.82mg/m²，其均值为 1377.88mg/m²，其中位数为 892.86mg/m²；城市道路 COD 变化范围为 83.76～875.85mg/m²，其均值为 261.48mg/m²，其中位数为 170.49mg/m²；城市道路 NH₃-N 变化范围为 2.25～36.39mg/m²，其均值为 12.69mg/m²，其中位数为 11.39mg/m²；城

市道路 TP 变化范围为 $0.81\sim4.93\mathrm{mg/m^2}$，其均值为 $2.20\mathrm{mg/m^2}$，其中位数为 $1.66\mathrm{mg/}$ $\mathrm{m^2}$；城市道路 TN 变化范围为 $13.65\sim57.40\mathrm{mg/m^2}$，其均值为 $26.88\mathrm{mg/m^2}$，其中位数为 $23.17\mathrm{mg/m^2}$。典型城市道路下垫面污染物负荷监测结果见表 2.9。

表 2.9　　　　　　典型城市道路下垫面污染物负荷监测结果　　　　　单位：$\mathrm{mg/m^2}$

采样瓶编号	SS	COD	NH_3-N	TP	TN
S0191	778.06	595.24	25.55	1.36	37.29
S0192	1373.30	186.22	6.12	1.87	23.68
S0193	892.86	164.54	2.25	0.85	57.40
S0194	148.81	127.98	5.06	3.83	16.16
S0199	51.02	240.65	16.24	2.98	23.94
S3870	510.20	83.76	5.19	0.81	13.65
S3871	850.34	108.42	4.06	0.89	32.70
S3876	297.62	294.22	36.39	1.15	19.35
S3877	4540.82	241.92	5.19	1.96	16.67
S3878	3686.22	875.85	18.96	1.66	47.62
S4221	1033.16	140.73	15.60	4.76	21.47
S4222	1964.29	169.22	13.01	1.53	23.17
S4223	1785.71	170.49	11.39	4.93	16.33
最大值	4540.82	875.85	36.39	4.93	57.40
最小值	51.02	83.76	2.25	0.81	13.65
平均值	1377.88	261.48	12.69	2.20	26.88
中位数	892.86	170.49	11.39	1.66	23.17

2.4.4.2　小区道路

监测时段内研究区居住小区道路 SS 变化范围为 $140.31\sim11420.07\mathrm{mg/m^2}$，其均值为 $3394.35\mathrm{mg/m^2}$，其中位数为 $3205.78\mathrm{mg/m^2}$；小区道路 COD 变化范围为 $129.25\sim1173.47\mathrm{mg/m^2}$，其均值为 $273.51\mathrm{mg/m^2}$，其中位数为 $209.40\mathrm{mg/m^2}$；小区道路 NH_3-N 变化范围为 $1.42\sim16.75\mathrm{mg/m^2}$，其均值为 $6.27\mathrm{mg/m^2}$，其中位数为 $4.89\mathrm{mg/m^2}$；小区道路 TP 变化范围为 $0.55\sim6.51\mathrm{mg/m^2}$，其均值为 $1.56\mathrm{mg/m^2}$，其中位数为 $1.32\mathrm{mg/}$ $\mathrm{m^2}$；小区道路 TN 变化范围为 $3.06\sim37.84\mathrm{mg/m^2}$，其均值为 $18.38\mathrm{mg/m^2}$，其中位数为 $17.20\mathrm{mg/m^2}$。典型小区道路下垫面污染物负荷监测结果见表 2.10。

表 2.10　　　　　　典型小区道路下垫面污染物负荷监测结果　　　　　单位：$\mathrm{mg/m^2}$

采样瓶编号	SS	COD	NH_3-N	TP	TN
S0198	140.31	283.59	4.42	1.49	13.10
S3019	340.14	129.25	1.77	1.79	10.80
S3020	4540.82	221.51	2.52	2.00	7.02
S3873	3316.33	484.69	4.97	1.91	35.16

采样瓶编号	SS	COD	NH_3-N	TP	TN
S3874	3095.24	343.54	5.65	1.79	26.87
S3875	2363.95	1173.47	5.31	1.32	32.19
S3879	471.94	129.25	14.37	6.51	29.42
S3880	463.44	218.11	16.75	2.42	37.41
S4224	4294.22	161.56	7.82	1.32	18.41
S4225	8052.72	165.39	15.99	0.81	19.94
S4226	6777.21	177.30	3.12	0.55	8.46
S4227	3724.49	200.68	9.91	1.62	15.99
S4228	1369.05	288.69	12.63	1.87	37.84
S4229	2346.94	340.56	1.42	0.60	7.10
S4230	1394.56	235.54	2.36	0.60	4.68
S4231	1947.28	221.51	4.89	0.60	25.09
S4232	3656.46	166.67	1.82	0.77	3.06
S4233	11420.07	186.22	2.32	0.81	3.23
S4234	4030.61	166.67	4.89	1.19	25.60
S4235	4141.16	176.02	2.51	1.19	6.21
最大值	11420.07	1173.47	16.75	6.51	37.84
最小值	140.31	129.25	1.42	0.55	3.06
平均值	3394.35	273.51	6.27	1.56	18.38
中位数	3205.78	209.40	4.89	1.32	17.20

2.4.4.3 公园广场

监测时段内研究区公园广场 SS 变化范围为 $76.53\sim646.26mg/m^2$，其均值为 $357.14mg/m^2$，其中位数为 $446.43mg/m^2$；公园广场 COD 变化范围为 $104.59\sim307.82mg/m^2$，其均值为 $163.44mg/m^2$，其中位数为 $134.35mg/m^2$；公园广场 NH_3-N 变化范围为 $1.96\sim30.02mg/m^2$，其均值为 $9.72mg/m^2$，其中位数为 $5.44mg/m^2$；公园广场 TP 变化范围为 $0.85\sim2.04mg/m^2$，其均值为 $1.67mg/m^2$，其中位数为 $1.83mg/m^2$；公园广场 TN 变化范围为 $8.04\sim51.02mg/m^2$，其均值为 $22.60mg/m^2$，其中位数为 $10.42mg/m^2$。典型公园广场下垫面污染物负荷监测结果见表2.11。

表 2.11　　　　　　典型公园广场下垫面污染物负荷监测结果　　　　　　单位：mg/m^2

采样瓶编号	SS	COD	NH_3-N	TP	TN
S4240	446.43	108.84	30.02	1.83	34.06
S0197	76.53	307.82	1.96	2.04	10.42
S3872	646.26	104.59	5.02	0.85	51.02
S4238	488.95	161.56	6.16	1.79	9.48

采样瓶编号	SS	COD	NH_3-N	TP	TN
S4239	127.55	134.35	5.44	1.83	8.04
最大值	646.26	307.82	30.02	2.04	51.02
最小值	76.53	104.59	1.96	0.85	8.04
平均值	357.14	163.44	9.72	1.67	22.60
中位数	446.43	134.35	5.44	1.83	10.42

2.4.4.4　污染特征对比分析

各类污染物负荷在不同类型道路上分布情况反映了污染物分布的离散程度。SS、COD、NH_3-N、TP 及 TN 地表负荷范围分别为：城市道路，$51.02\sim892.86mg/m^2$、$24.91\sim75.00mg/m^2$、$0.61\sim6.52mg/m^2$、$0.20\sim1.23mg/m^2$、$3.51\sim12.00mg/m^2$；公园广场，$51.00\sim446.43mg/m^2$、$26.11\sim50.00mg/m^2$、$0.59\sim7.50mg/m^2$、$0.15\sim0.48mg/m^2$、$1.89\sim13.00mg/m^2$；小区道路，$140.31\sim2363.95mg/m^2$、$27.21\sim80.00mg/m^2$、$0.58\sim4.49mg/m^2$、$0.14\sim0.61mg/m^2$、$0.50\sim9.01mg/m^2$。

除 SS 和 COD 在公园道路上离散程度相对较弱，分布较为均匀外，其他污染物分布分散，差异明显，说明污染物空间分布的随机性。本次试验部分采样点设在绿化带、商场和建筑小区附近，另有采样点布置在建筑工地周围。一般而言，城市道路的管护强度不及小区道路以及公园道路，小区道路以及公园道路均为定期管护道路，因此城市道路上污染物负荷值相对偏高，尤其是 TP、TN 表现得尤为明显。小区道路多来源于海绵改造小区，处于施工期，因此小区道路 SS 指标值较高且离散程度大。因此道路的清扫水平是影响污染物含量的关键因素。

采用 Fisher LSD 法完成单因素方差分析，研究不同道路类型条件下各污染物负荷差异的显著性，采用 levene 方差齐性检验法验证不同道路类型污染物负荷总体方差一致性，通过 Shapiro - Wilk 法进行样本总体正态分布检验。

不同路面上各类污染物在 0.05 水平下，总体方差并非显著的不同。同时 Shapiro - Wilk 法正态性检验的结果显示，在 0.05 的水平下，数据显著地来自正态分布总体。因此，样本数据满足单因素方差分析要求。表 2.12 为不同道路类型的污染物负荷平均值及显著差异性。

表 2.12　　　　　　　　　不同道路类型的污染物负荷平均值及显著性差异

路面类型	污染物指标负荷平均值/(mg/m^2)				
	SS	COD	NH_3-N	TP	TN
城市道路（a/A）	241.15Cab	38.36Cab	3.00abc	0.53abc	6.49abc
公园广场（b/B）	159.61Cab	33.99Cab	2.99abc	0.50abc	6.00abc
小区道路（c/C）	566.04Cab	53.32Cab	1.66abc	0.40abc	4.37abc
所有道路	502.69	45.72	2.10	0.49	5.06

注　不同小写字母表示组间总体均值无显著性差异（$P<0.05$），不同大小写字母表示组间总体均值差异显著（$P<0.05$）。

　　不同路面对 NH_3-N、TP、TN 均无显著影响，小区道路的 SS 和 COD 与其他道路存在显著性差异。受施工的影响，小区道路上的 SS 和 COD 均值明显高于其他道路，一般公园道路上的 SS 和 COD 以及小区道路上的 TP、TN 和 NH_3-N 均值较低于公路和所有道路的平均水平，对该污染指标的贡献较小。因此，若排除施工对污染物负荷的影响，总体来讲，小区道路污染负荷相对较低，其次是公园道路和公路，但并没有发生显著的变化。

第 3 章

城市地表径流污染源头减控

城市河湖水系的水环境问题往往表现在水里、根子在岸上，水里的污染物绝大多数都来自岸上，特别是汇水区的源头地表。在污水收集处理利率不断提升，点源污染基本得到有效控制的情况下，要打造"水清岸绿、鱼翔浅底"的健康美丽河湖，首先应做好源头的地表径流污染减控。既要进行降雨径流的流量、峰值削减，更要进行污染物浓度的削减。

城市下垫面可分为建筑屋面、绿地、铺装地面和城市道路等类型。对于不同的类型下垫面，可以根据具体情况采取各种各样的地表径流源头削减措施，本章主要介绍以编者为主研发的适宜北京特点的常用源头径流减控措施，如雨养型屋顶绿化、屋面滞蓄控排、下凹式绿地、雨水花园、透水铺装、行道树渗集自灌、道路雨水生物滞留设施、植草沟、环保型道路雨水口等。同时也对居住区、商业区、工业区等典型的建筑小区，分别给出径流污染源头减控的措施方案。

3.1 屋面径流减控与污染削减

城市屋面通常有平屋面和坡屋面两种形式。坡屋面的雨水可通过收集利用方式减少径流与污染物排放。平屋面可通过建设绿化屋顶或滞蓄控排等方式减控径流与污染物排放。绿化屋顶有多种形式，这里只介绍适合北京等北方缺水型城市的雨养型屋顶绿化。

3.1.1 雨养型屋顶绿化

屋顶绿化在国内外已普遍应用。北京市地方标准《屋顶绿化规范》（DB11/T 281—2015）将屋顶绿化分为花园式屋顶绿化和简单式屋顶绿化两类。花园式屋顶绿化耗水量较大。每年的灌溉用水量为 $1.2\sim2.5t/m^2$，每年的平均养护成本为 $15\sim20$ 元$/m^2$；简单式屋顶绿化一般每年干旱季节或长期无雨时需灌溉补水，每年的灌溉用水量为 $0.5\sim0.8t/m^2$，每年的平均养护成本为 $8\sim10$ 元$/m^2$。为了适应北京市严重缺水的现状，研发了灌溉用水量最少的雨养型屋顶绿化，即完全用雨水保障植物生长的绿化屋顶，主要包括两种类型：一种是通过合理的绿化屋顶结构设计和草种选择，达到屋顶植物不需额外灌水、仅结构层滞蓄雨水就能维持生长的效果；另一种是利用其他屋面或自身所产生的径流雨水进行植被关键期灌水的屋顶绿化。本章介绍一种属于前一类型的雨养型屋顶绿化。

3.1.1.1 简易屋顶绿化的结构

通常简易屋顶绿化结构组成自上而下依次为：植被层、基质层、过滤层、排水层、隔根保护层、防水层、建筑屋顶等，建筑屋顶的结构层上通常还有保温层和找平层，如图 3.1 所示。

（1）植被层，一般选择当地耐旱、耐冷、耐高温、根刺能力弱、控污能力强、易存活、维护需求低的植物，北京常用佛甲草等植物，也可以种植更多样化、更具有观赏价值的植物。

（2）基质层，也叫种植土壤，应选择孔隙率高、密度小、耐冲刷且适宜植物生长的天然或人工材料，厚度一般为 60～150mm。

（3）过滤层，一般采用既能透水又能过滤的聚酯纤维无纺布等材料铺设在基质层下，用于阻止基质进入排水层，过滤层铺设应平整无皱折，施工接缝搭接宽度不得小于 10～20cm，并向建筑侧墙面延伸至基质表层下方 5cm 处，过滤层的总孔隙率不宜小于 65％。

（4）排水层，通常采用专门的蓄排片材，也可采用 20～30mm 粒径的碎石或卵石铺设成厚度为 100～150mm 的排水层。

（5）隔根保护层，一般采用铝箔面沥青油毡、聚氯乙烯卷材或中密度聚乙烯土工布，以防止植物根系穿刺到屋顶建筑结构层。

（6）防水层，需要二道设防，应满足一级防水等级设防要求，可采用合成高分子卷材或涂料，可选择上为 1.5mm 厚的 P 型宽幅聚氯乙烯卷材或厚 1mm 的高密度聚乙烯，下为 2.0mm 厚的聚氨酯或硅橡胶涂膜；也可选择上为高密度聚乙烯卷材，下为硅橡胶或聚氨酯涂膜。如用沥青基卷材，可采用迭层，均为聚酯胎的 SBS、APP 改性沥青卷材，厚度为 5.0mm 以下，满粘法粘结，覆面材料为金属箔。

（7）找平层，直接将水泥砂浆抹在下层面板上，不必找坡。

（8）保温层，材质首先要轻，宜选用 $18kg/m^3$ 的聚苯板、硬质发泡聚氨酯；屋顶绿化还应有出流控制装置。

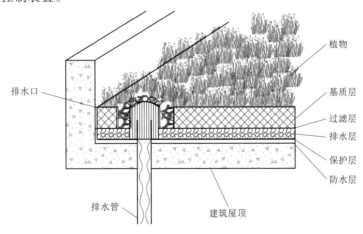

图 3.1 简易屋顶绿化结构示意图

屋顶绿化应充分考虑种植荷载影响，既有建筑屋面改造为绿化屋面前，应对原结构进行鉴定。绿化屋面选用材料的品种、规格、性能等应符合国家现行有关标准和设计要求，并应提供产品合格证书和检验报告。绿化屋面防水层应满足一级防水等级设防要求，且必须至少设置一道具有耐根穿刺性能的防水材料。

3.1.1.2 自灌溉雨养型屋顶绿化技术原理

为了充分利用降落到屋顶的雨水，在屋顶绿化的底层设置浅层的储水模块，降雨通过绿化结构下渗的雨水储存到储水模块内，并且通过设置在土壤中的毛细管，将储存的雨水吸收至土壤层中，供植物根系吸水，从而解决植物生长的水分问题，如图 3.2 所示。冬季时，因为成品设施放置于种植土下层位置，没有冰冻破损的风险，避免了恶劣天气的危害。

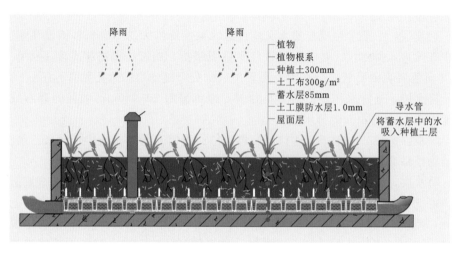

图 3.2 自灌溉屋顶绿化技术原理

这种具有自灌溉功能的雨养型屋顶绿化的技术关键，是位于绿化结构层下面的薄层蓄水模块和吸水柱，如图 3.3 所示。

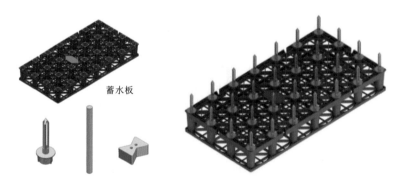

图 3.3 自灌溉雨养型屋顶绿化的蓄水吸水设施

中小降雨，通过绿植和土壤渗滤至储水模块内存储，屋面不产生径流；遇到暴雨时，超过蓄水模块和种植结构的蓄水能力的雨水通过溢流口从屋面排水管排出，排出的雨水经过了基质和植物的渗滤截流有效降低了雨水中的 SS 等污染物的含量。系统中的毛细吸水柱可以自平衡土壤水分，保证植物正常生长的同时节约水资源。

3.1.1.3 应用案例与效果

自灌溉雨养型屋顶绿化系统于 2020 年 5 月在北京市通州区某小区的建设项目中进行

了示范应用。在现场选取 2 点位分别安装湿度传感器，在雨养型储水模块内安装液位传感器，监测液位变化，如图 3.4 所示。监测结果表明，在监测期间模块内长期有雨水储存，基质层的土壤水分维持在 15%～35%。

图 3.4　自灌溉雨养型屋顶绿化在通州某建设项目的示范应用现场

在位于西郊雨洪调蓄工程的海绵城市源头径流减控设施试验场，建设了有蓄水模块的自灌溉雨养型屋顶绿化和无蓄水模块的普通雨养型屋顶绿化。根据对 2020 年 7 月 12 日、7 月 17 日、7 月 18 日、7 月 31 日、8 月 12 日、8 月 18 日、8 月 23 日共 7 场降雨的监测结果，降雨量为 7.2～142mm，平均为 52.7mm。有自灌溉蓄水模块屋顶的平均径流系数为 0.05，相同结构无蓄水模块屋顶的平均径流系数为 0.18，有自灌溉蓄水模块屋顶雨水外排起始时间相对于降雨开始时间滞后平均在 570min 以上，无蓄水模块屋顶的滞后时间平均为 142min。

3.1.2　屋顶雨水滞蓄控排

屋顶滞蓄控排是指将降落到屋顶的雨水临时滞留在屋顶上面，然后通过蒸发或者限流阀以较小的流量排入雨水管道的一种雨水控制与利用方式。

3.1.2.1　屋顶雨水滞蓄控排技术原理

屋顶雨水滞蓄控排的技术原理如图 3.5 所示。当降雨初期流量较小时，屋顶径流量小于限流设施的过流能力，径流正常排放，屋顶不蓄水；随着降雨强度的增加，屋顶雨水径流量逐渐增大，当流量大于限流设施过流能力时，屋顶开始蓄水，随着屋顶蓄水高度的增加，限流设施过流断面增加，排水流量也在增加，当屋顶调节水位达到限流设施最大调节水位时，屋顶雨水径流通过溢流口排放。降雨后期随着雨强的减小，屋顶径流量逐渐减少，当屋顶径流量小于限流设施排放流量时，调节水位开始下降，限流设施的排水能力亦开始减

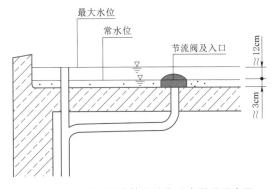

图 3.5　屋顶雨水滞蓄控排的技术原理示意图

小，直至屋顶雨水径流排完。从而达到延缓径流进入排水管道的时间，降低雨水尖峰径流量，延长雨水下渗时间，削减洪峰的效果。

对于平屋顶，当承载力和防水满足要求的情况下，可以考虑采用屋顶滞蓄控排方式，使雨水滞留在屋顶，待降雨过后再慢慢排放到周围绿地或雨水管道。

3.1.2.2　屋顶雨水滞蓄控排系统构成

屋顶雨水口滞蓄控排雨水的装置，通过在雨水口处加装弧形开孔挡板来实现对屋面雨水滞蓄，如图 3.6 和图 3.7 所示，装置由女儿墙、雨水口、滞蓄设施、护网、支架和开孔挡板构成。女儿墙的高度为 340mm；雨水口的高度为 70mm，宽度为 150mm；开孔挡板由螺丝钉等可拆卸零件固定于支架上，可随实际运用情况灵活更换开孔挡板。

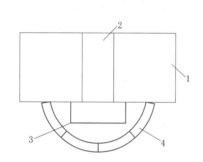

图 3.6　屋顶雨水滞蓄控排装置俯视图
1—女儿墙；2—雨水口；3—滞蓄设施；4—护网

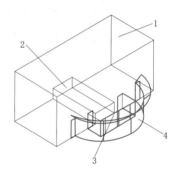

图 3.7　屋顶雨水滞蓄控排装置立体图
1—女儿墙；2—雨水口；3—滞蓄设施；4—护网

3.1.2.3　应用案例与成效

在位于北京市水科学技术研究院 B 座南侧两个雨水口进行室外实地实验，汇水面积共计 400m²。砌砖将研究区域均分为两个区域，安装滞蓄设施如图 3.8 所示，不安装滞蓄设施作为对照组。观测了 2019 年 7—10 月共计 8 次有效降雨。结果发现实验区域与空白对照区域相比较径流控制效果显著，实验监测的峰值削减效果明显，其削减率在 52.6%～80.9% 之间，平均为 60.8%。屋顶滞蓄技术对径流峰值滞后时间影响显著，峰值滞后 5～26min，平均滞后 17.1min。

图 3.8　屋顶滞蓄控排设施实例

3.1.3　屋面雨水收集利用

3.1.3.1　屋顶雨水收集自助洗车技术原理

雨水自助洗车技术是一种利用小型储水设施，收集建筑物屋顶雨水，经净化处理后回用于小区居民洗车的自助型装置。该装置以太阳能为动力，收集自然雨水进行洗车，是节能、环保、低碳等生态理念的切实体现。该装置包括雨水收集和回用两部分设施。收集设施利用雨落管收集屋顶雨水进入雨水樽，由于屋顶水质一般较好，因此采用初雨弃除、过滤、沉淀等简单水质净化措施后即可满足洗车需求。回用设施包括太阳能供电系统，水泵动力系统，水枪、控制系统等。利用水泵即可抽取雨水樽内的干净雨水，经水枪调节流量和水流状态后，进行车辆冲洗。收集屋顶雨水用于车辆清洗能够有效减少屋顶雨水径流量，增加可利用水资源量，且成本低、使用便捷、维护简单、适用性高、易于安装，对于城市降雨径流的源头控制和丰富雨水回用技术具有重要意义。

利用雨落管收集屋顶雨水进入雨水樽，通过回用泵抽水进行洗车，雨水樽放置在混凝土或砖砌水泥抹面的底座上。雨水进入雨水樽前首先进行初雨弃流，雨水樽内的雨水处理方式分为两种：①在雨水樽内部设置透水过滤墙，将雨水樽分为沉淀池和清水池两部分，两部分空间严格密封，雨水只能通过透水墙联通，水泵放置在清水池内；②雨水樽内不设置雨水处理装置，在水泵出水管上安装过滤罐进行雨水过滤。雨水樽容积为1m³，可直接购买成型蓄水设施改造，也可以用根据使用位置要求定型加工。洗车位为透水铺装地面，透水结构垫层埋设透水花管收集入渗过滤后的雨水和洗车水加以循环使用。雨水洗车装置工艺流程如图3.9所示。

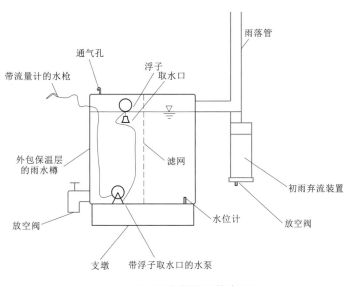

图 3.9 雨水洗车装置工艺流程图

3.1.3.2 屋顶雨水收集自助洗车系统构成

屋顶雨水收集自助洗车系统的构成为：初雨弃流装置、水位计、放空阀、通气溢流孔、上盖、水泵、水枪、过滤系统、动力系统、中控系统等。

（1）初雨弃流装置。采用体积弃流法，根据雨落管汇流面积计算弃流水量，在雨落管下接出一定长度的 PVC 管（DN200～DN250）作为存储初期雨水的初雨弃流室，初期雨水首先进入弃流室内，当弃流室被雨水填满时，后期雨水沿三通进入雨水樽。弃流管底部安装自动排空阀，设置排空速度为6～10h将初雨室内的雨水排空。

（2）水位计。雨水樽内设置水位计，自动检测樽内的雨水水位，当水位低于限制水位（人工设定的最低运行水位）后，中控将关闭水泵，并显示"无水"状态，水位高于限制水位后，中控显示"有水"状态，并容许水泵启动。

（3）放空阀。雨水樽一侧底部设置放空阀门，用于检修、清理或维护时放空桶内的存水。放空阀必须与桶底齐平。

（4）通气溢流孔。雨水樽顶部设置通气溢流孔，桶内雨水未蓄满时做通气孔使用，积满后做溢流孔使用，孔径 50mm，上部弯起，避免进入杂物。

（5）上盖。雨水樽顶部设有盖子，通过螺口及密封圈可将雨水樽盖紧。盖子直径应不小于 700mm。

（6）水泵。桶内放置水泵一台，输出压力≥5mPa，水泵吸水口用浮子浮于水面，随水位变动保证吸取上层清水。浮子应附着于滑轨上。水泵出水口通过皮管放置桶外与水枪或过滤罐连接。

（7）水枪。高压清洗机的喷水枪头，铜质喷头，出水量、出水压力均可调整。出水量在 1～5L/min 之间。水枪入水口前段安装流量计，计量用水情况反馈到中控，每辆车限制用水不超过 25L。

（8）过滤系统。由于屋顶雨水水质较好，采用简单过滤即可满足水质要求，其主要目的是滤掉水中的悬浮物及颗粒性污染物，避免供水系统的堵塞。因此本设施采用过滤网形式，在雨水樽内部放置外包土工布的过滤网组成的清水区，雨水经过过滤后储存在清水区，再进入供水系统。也可采用过滤罐、过滤墙等形式。控制流量满足水泵及水枪要求即可。

（9）动力系统。动力系统由太阳能电池板供电，推荐使用太阳能供电，能够充分体现节能环保的理念，太阳能电池板为低压电路且由于不需外接电源杜绝了漏电等安全隐患，因此可节省改造费用，也使得设备的安置更加灵活。同时，对应采光条件不足的地区，也可以连接市政电力系统（220V）。设备提供了市电与太阳能供电双路切换功能。

（10）中控系统。中控系统统一控制水泵开启和关闭、水位监测、流量监测、弃流装置的初雨弃除等工作，通过编程自动实现。控制柜正面安装控制面板，面板上设置开启按钮（开启后可通过水枪开关控制出水和停水）、关闭按钮（关闭后水枪将无法控制出水）、支付控制系统（可采用微信支付、储值卡、投币等方式控制用水行为，支付后才可开关按钮，并记录用水量）、显示面板（显示桶内可用水量、用水单价、卡内余额等信息）。

3.1.3.3　应用案例与成效

在北京市水科学技术研究院、延庆区水务局节约用水办公室推广应用了雨水洗车系统，该套设备占地面积小，操作简单，方便快捷，维护成本低，实用性好；采用防污染外壳结构，设备安全性高；另外，该套设备具有保温/防冻的功能，可在冬季使用（图3.10）。根据对北京市水科学技术研究院应用的雨水自助洗车系统的监测数据，$1m^3$ 雨水可洗车 50 辆（约 20L/辆）。初雨弃除后，大部分指标均满足《城市污水再生利用　城市杂用水水质》（GB/T 18920—2020）标准，在延庆区水务局节约用水办公室应用的雨水自助洗车设备运行良好，全年可节约水资源 50～75m^3。

（a）控制柜

（b）水箱

（c）水枪

图 3.10 北京市水科学技术研究院院内雨水洗车系统

3.2 绿地径流减控与污染削减

绿地是减控城市地表径流和削减面源污染的主要场地。绿地对径流关键污染物（SS、COD）的削减途径主要是土壤和植被吸附、微生物降解转化等浓度削减以及径流拦蓄、土壤入渗和植物吸收等径流量削减。绿地径流减控与污染削减设施主要包括下凹式绿地、雨水花园等。

3.2.1 下凹式绿地

3.2.1.1 下凹式绿地的结构

下凹式绿地是一种高程低于周围地面标高、可积蓄、下渗自身和周边雨水径流的公共绿地，也称低势绿地。与"花坛"相反，其理念是利用开放空间承接和储存雨水，达到减少径流外排的作用。与植被草沟的"线状"相比，其主要是"面"能够承接更多的雨水，而且其内部植物多以本土草本为主。下凹式绿地结构如图 3.11 所示。

下凹式绿地主要适用于绿地宽度较大的道路、公共绿地、居住小区绿地和城市公园，周边雨水宜分散进入下凹式绿地，当雨水集中进入下凹式绿地时应在入口处设置缓冲设施，植被方面宜选择当地适生的耐水湿植物和宜共生群生的观赏性植物。下凹式绿地对下凹深度有一定要求，一般低于周边地面 100～200mm 为宜，以保证景观、避免行人踩空而受伤，下凹式绿地内一般应设置溢流口，溢流口顶部标高一般应高于绿地 50～100mm，当土层含水饱和水位上升时，绿地内水位高于雨水口顶面标高即溢流入雨水口排入下游雨水管道系统排走。下凹式绿地下部土质多未经改良，宜采取地下铺设渗滤沟的措施，以保证草坪渗透的雨水可以及时排走，进入雨水回收循环利用管网。在位置高、卫生差、垃圾多、土质渗入差和植被娇贵的地区，不适宜建设下凹式绿地。

图 3.11　下凹式绿地结构示意图

3.2.1.2　下凹式绿地径流减控与污染削减效果

1. 径流减控效果

雨型和渗滤材料均对下凹式绿地的产流过程产生一定影响。均匀雨型试验下随着降雨重现期的增加，下凹式绿地的初始产流时间逐渐延长；对于不同雨型试验，均匀雨型初始产流发生时间最早，雨型为前峰时初始产流发生时间最晚。雨型相同时，有砾石绿地和全土壤绿地的产流规律相似，均是随着进水时间的增加，产流速率迅速增加达到峰值，随后逐渐降低。但是有砾石绿地径流峰值时间滞后，且有砾石绿地的曲线开口较小；渗滤材料相同时，不同雨型下除双峰外其余各试验条件的曲线变化程度不大。下凹式绿地在各设计暴雨强度下的场次降雨径流系数见表 3.1。

表 3.1　　　　　　下凹式绿地在各设计暴雨强度下的场次降雨径流系数

渗滤类型	雨型	雨水溢流口高度 /cm	重现期/年	产流总量 /mm	场次降雨径流系数
有砾石	均匀	4	3	67.73	0.25
			5	107.21	0.35
		7	3	24.30	0.09
			5	39.76	0.13
		10	3	10.75	0.04
			5	20.03	0.07
	双峰	4	3	60.15	0.22
	后峰	4	3	56.37	0.21
	前峰	4	3	35.34	0.13
全土壤	均匀	4	3	134.90	0.50
	后峰	4	3	120.88	0.45
	前峰	4	3	115.63	0.43

2. 污染削减效果

以狗牙根下凹式绿地在均匀降雨条件下径流 TP 浓度为例，下凹式绿地污染物变化规律为刚产生径流时，污染物初期浓度较高，从产生径流到雨水口溢流后产生大量径流这段时间内，污染物浓度先小幅升高，但仍低于外部来水浓度，随后缓慢下降并逐渐趋于稳定。这是由于产流初期，雨水口未开始溢水，产生的径流经由植被截留、土壤下渗并吸附部分污染物，使浓度低于外部来水浓度；当雨水口溢流后，大量径流未经过植被及土层的处理直接灌入雨水管经由出水口流出，使径流浓度上升；随着出流逐渐稳定，土壤吸附逐渐达到饱和，径流污染物浓度从缓慢降低变为逐步稳定。

在不同条件下污染物削减率见表 3.2 和表 3.3。下凹式绿地对 SS 浓度削减率为 55.06%～72.74%，COD 削减率为 25.95%～36.35%，对氮磷浓度的去除率较低。降雨强度一定时，进水污染物负荷越高，污染物浓度削减率越低。进水污染物负荷一定时，降雨强度越大，污染物浓度去除率越低。

表 3.2　　　　　　　　　　下凹式绿地对径流污染物浓度的削减率

编号	雨水溢流口高度/cm	重现期/年	污染物负荷	SS	TP	TN	COD
1	4	1	低负荷	67.95	44.30	10.66	36.35
2	4	1	高负荷	86.45	50.44	10.34	34.28
3	4	3	低负荷	72.74	39.18	9.88	27.07
4	4	5	低负荷	59.20	17.59	9.24	25.95
5	7	3	低负荷	54.86	37.12	18.53	30.56
6	10	3	低负荷	55.06	6.33	20.27	33.81

表 3.3　　　　　　　　　　下凹式绿地对模拟道路径流污染物总量的削减率

编号	雨水溢流口高度/cm	重现期/年	污染物负荷	SS	TP	TN	COD
1	4	1	低负荷	99.32	98.82	82.33	84.74
2	4	1	高负荷	98.67	95.15	80.33	82.28
3	4	3	低负荷	90.31	82.81	66.69	72.54
4	4	5	低负荷	86.69	67.99	64.17	68.92
5	7	3	低负荷	92.28	84.75	70.22	76.13
6	10	3	低负荷	95.47	87.92	80.34	85.27

模拟道路径流情况下，下凹式绿地对污染物总量削减率均大于 60%。对 SS 总量削减率大于 86.69%，对 COD、TP、TN 削减率分别为 68.92%～85.27%、67.99%～98.82%、64.17%～82.33%。降雨重现期一定时，进水污染物负荷越高，污染物总量削减率越低。进水污染物负荷一定时，重现期越大，污染物总量去除率越低。模拟下凹式绿地装置对径流污染物的去除效果优于自然型下凹式绿地；对 COD 的削减效果优于人工湿地，而对氮素的削减效果低于人工湿地。

3.2.1.3　应用案例与成效

现场示范区位于北京市昌平区未来科学城滨水公园内。下凹式绿地面积为 900m²，汇水区面积为 1914m²。下凹式绿地位于厕所后方，能汇集来自大路、陡坡、相邻绿化区及透水路面的径流。陡坡上延坡设置 20m×5m 标准径流小区并在下方接入容积 1m³ 集水池用于监测降雨径流量。

现场下凹式绿地监测数据表明。仅在 9 月 26 日和 10 月 7 日降雨条件下下凹式绿地排水口有出水产生，其余条件下下凹式绿地均能削减全部径流及污染物。天然降雨的污染物浓度很低，而径流小区的初期径流污染物浓度较高，SS 和 COD 浓度达到 373mg/L、141.40mg/L，TP 和 TN 浓度最高可达 1.503mg/L、11.46mg/L，说明面源污染的主要来源是降雨对下垫面的冲刷造成的土壤颗粒、道路沉积物等的流失而造成其挟带的污染物流失。

通过对雨水井内径流的分析发现，外部汇水区径流的污染物浓度含量较高，当径流进入下凹式绿地并通过土壤下渗进入雨水渗透管后，污染物浓度明显降低，SS、TP、COD、TN 的平均浓度为 16.6mg/L、0.045mg/L、23.11mg/L、1.09mg/L。以 TP 浓度为例，相较坡面初期径流、道路径流分别下降了 84.2%、55.8%，较屋面径流浓度上升了 55.2%，说明径流通过下凹式绿地的植被截留、土壤下渗及吸附、微生物降解等作用能显著降低污染浓度高的坡面、道路径流。

3.2.2　雨水花园

3.2.2.1　雨水花园的结构

雨水花园是指在自然或人工挖掘的小面积洼地内，种植当地原生植物，培以腐殖土、护根覆盖物等，并按城市景观需求设计成的能否汇入和消纳建筑物或道路雨水的花池。在道路两侧的绿化带建设的雨水花园也称为生物滞留槽。根据雨水花园环境功能的不同，可以分为下渗型、过滤型和滞留型三种类型，如图 3.12 所示。

（a）下渗型　　　　　　　　（b）过滤型　　　　　　　　（c）滞留型

图 3.12　雨水花园类型示例

雨水花园结构组成及相应设计参数自上而下依次为：①300～400mm 深的积水洼地；②30～50mm 厚的有机覆盖层（可选）；③500～800mm 厚的混合土层；④400～600mm 厚的砾石层，砾石层内铺设排水花管，雨水花园管径一般取 200～300mm，雨水花坛管径一般取 200mm。对于地表面积大于 50m² 的雨水花园，可沿水流方向设置两根或以上排水花管；对于地表面积大于 25m² 但小于 50m² 的雨水花园，可沿水流方向设置一根排水花管；对于地表面积小于 25m² 的雨水花园，可不设排水花管或仅在出口附近布置。另外，对于规模大于 100m² 的雨水花园，还应每间隔 10～20m 设置 1 个溢流管，溢流管径一般取 100～200mm。图 3.13 所示为某高校校园内雨水花园结构示意图。

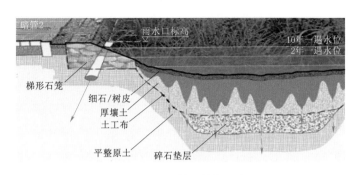

图 3.13 雨水花园结构示意图

3.2.2.2 雨水花园径流减控与污染削减效果

1. 径流减控效果

采用 10 倍汇水面积进行设计、设计降雨历时为 90min 和 120min；降雨重现期为 0.5年、1 年、2 年的研究结果表明，雨水花园平均径流总量削减率为 32.55%～54.49%，采用传统砂-土填料、孔隙度较小的基质材料对雨水的滞蓄效果更加显著。均匀进水强度对应的峰值流量作为进水峰值时，采用砂-土基质材料的雨水花园对场次峰值削减率可达到70% 以上。

动态径流系数实验结果表明，0.350～2.050m³ 进水量范围内雨水花园的径流系数约为 0.199～0.841，采用传统砂-土、高炉矿渣-草炭、高炉矿渣等不同基质材料的雨水花园，平均径流系数分别为 0.455、0.612 和 0.659。

2. 污染削减效果

雨水花园主要通过土壤的过滤和植物根部吸附、吸收，以及微生物系统等作用去除雨水径流中的污染物，并使之逐渐渗入土壤，涵养地下水，或使之补给景观用水、厕所用水等城市用水，是一种生态可持续的城市雨水洪涝控制与雨水利用设施。

雨水花园对氨氮、BOD、COD、TP 都具有很好的削减效果，对 TN 的削减效果不稳定，这种现象可能是与在水分入渗过程中，填料或植物根系中某些营养物质析出有关。砂土填料的雨水花园对 5 种污染物总量的去除效果依次为 TP＞BOD＞COD＞NH₃-N＞TN。雨水花园对 TP 的浓度削减效果最好，平均削减率为 66.55%，对 TN 的浓度削减效果最差，平均削减率为－118.55%，表明出水中 TN 的浓度高于进水中 TN 的浓度。

3.2.2.3 应用案例与成效

为控制利用北京未来科学城滨水公园次入口停车场雨水径流，建设雨水花园 58m²。雨水花园位于停车场东南侧，主要由积水层、植被种植层和排水填料层等组成；积水层15cm、植被种植层 30cm、砂过渡层 5cm、排水层 50cm，用直径 200mm 的穿孔 PVC 管布置于排水层中进行下渗后雨水的排水。雨水花园通过土壤层的过滤和植物根部吸附、吸收，以及微生物系统等作用去除雨水径流中的污染物，然后将较清洁的雨水渗入土壤，涵养地下水或排入市政管道。

2016—2017 年间，对汛期主要降雨过程中雨水花园入流量和出流量进行现场监测，监测结果显示：雨水花园可削减径流 15%～85%，污染物排放量可削减 35%～95%，同时具有较好的生态景观效果。其中，2017 年 8 月 2 日降雨量 22.5mm，雨水花园的径流总量控制率 73.9％，洪峰流量削减率 49.0％，洪峰延迟时间 25min。2017 年 8 月 11 日降雨量 31.2mm，雨水花园的径流总量控制率 41.3％，洪峰流量削减率 75.0％，洪峰延迟时间 30min。

3.3　铺装地面径流减控与污染削减

透水铺装地面和行道树渗集自灌技术都是利用渗透的铺装地面促进雨水下渗，减少雨水径流量，帮助缓解城市内涝，改善城市热岛效应，对调节城市水循环具有重要意义，是海绵城市建设技术体系中的重要组成部分。

3.3.1　透水铺装地面

世界上很多国家早就开始了透水性铺装在雨水管理上的使用研究。早年国内对于透水铺装地面的研究主要围绕配合比计算、结构、材料、性能等方面进行。近年来逐渐开始研究透水地面的降雨入渗特性、水文效应、水质净化原理等，为国内的海绵城市建设提供理论依据，对于防治城市内涝、减少城市面源污染及实现雨水资源化利用具有重要意义。该技术的推广使用已经在很多大中城市展开，其中如北京、郑州、兰州、上海、沈阳等城市的透水铺装地面比较有代表性。透水铺装地面根据材料可分为透水砖路面、透水沥青路面以及透水混凝土路面等。透水砖路面按照透水方式分为结构式透水砖路面和缝隙式透水砖路面。目前北京市的透水铺装地面大多采用透水砖路面，因此本书主要针对该类型的路面技术进行介绍。

3.3.1.1　透水砖路面的结构

透水砖路面典型结构自上而下由透水砖面层、透水找平层、透水基层、透水底基层、土基组成，其面层在边缘应有约束，如图 3.14 所示。其中，透水砖面层具有透水能力，

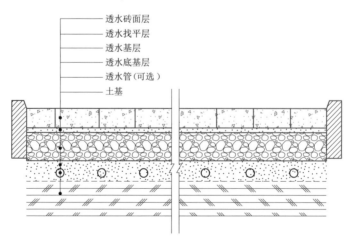

图 3.14　透水砖路面结构示意图

且直接承受路面荷载，并将荷载传递到透水基层的透水砖路面结构层；透水找平层是透水基层和透水砖面层间的过渡层，实现面层与基层的粘结，且具有一定透水能力，实现面层与基层找平、粘结的构造层；透水基层设在透水找平层以下的结构层，主要承受由面层传递的荷载，并将荷载分布到土基上，且具有一定透水能力的结构层。当透水基层分为多层时，其最下面一层称为透水底基层。如需收集渗滤后的雨水，需要在透水底基层安装透水管。

3.3.1.2 透水砖路面技术原理

透水砖路面利用其各结构层的大孔隙入渗、滞蓄雨水，并缓慢渗入地下，既能够有效减少径流的外排，又能够延长入渗时间，从而增加入渗雨水量。同时，透水铺装还能够利用孔隙截留径流中的污染物，达到污染削减、提高水质的效果。透水铺装地面径流减控主要包括两个部分：①在水平方向上，通过铺装结构自身孔隙渗蓄雨水，削减径流量，从而达到减少污染物随雨水外排的效果；②在竖直方向上，通过结构层的过滤、吸附效果拦截污染物。

透水砖属大孔隙多孔介质，根据水分受力状态划分，其中雨水入渗过程可分为吸湿过程和传递过程两部分，分别以基质势和重力势为主要驱动力；透水砖路面降雨产流包括铺装层和基层土壤两部分产流过程的总和。在基层土壤表面以超渗产流模式形成垫层内积水，在透水铺装层表面以蓄满产流形式形成地表积水。透水砖路面的入渗性能，首先受自身孔隙率的影响。当结构层的孔隙率较大时，雨水可以源源不断地渗入地面，只有当地下结构层孔隙完全被雨水蓄满时，地面才会产生径流，这样的产流模式属于蓄满产流；当结构层孔隙率较小时，降落在地面的雨水来不及渗入，就在地面形成径流，这样的产流模式称为超渗产流。在一般强度的降雨条件下，透水砖路面的面层、找平层、基层及底基层的孔隙率相对较大，属于蓄满产流；而土基垫层孔隙较小，属于超渗产流。因此，无收集管道的透水铺装地面系统的产流过程属于垂直混合产流过程。通过计算不同降雨条件下北京市的透水砖铺装地面径流系数，结果表明在 2 年一遇 60min、5 年一遇 30min、10 年一遇20min、20 年一遇 15min 的降雨水平下，透水砖路面基本不产流，按此方法计算出透水砖铺装路面在整个使用过程中径流系数为 0.3～0.5，而不透水的混凝土路面的径流系数为 0.8。

3.3.1.3 应用案例与效果

透水铺装地面径流污染减控技术于北京未来科学城滨水公园次入口停车场进行了示范建设应用，该示范工程于 2014 年 8 月开始施工建设，2015 年 8 月完成。该工程选取草坪砖铺装地面、透水砖铺装地面、现浇透水混凝土铺装地面和不透水铺装（作为对照）4 种处理的铺装形式进行天然降雨条件下的降雨产流示范与试验，如图 3.15 所示。每类透水铺装包括 3 个停车位，面积为 54m²（6m×9m），停车位产流后通过集流槽收集雨水进入地下测坑，测坑内设置自记式液位计记录径流过程，测坑内雨水通过退水管排入渗井后入渗地下。监测结果表明，透水铺装径流控制能力可达到 30%～70%，污染物削减效果约为 40%～60%，径流与污染减控效果明显。

2018—2019 年间，透水砖路面技术也在北京市水科学技术研究院进行了庭院试验示范工程。示范工程拆除 1108.8m² 原有地砖，重新铺装互锁缝隙式透水砖 661.6m²、透水

图 3.15　北京未来科学城滨水公园透水铺装地面实景照片

砖 444.7m²，新建 PP 模块雨水收集池 50m³，铺装渗透管 400m。工程采用屋面雨水滞蓄、地面雨水渗透、雨水地下调蓄、地面雨水回用的技术措施，实现雨水的多层级调控，是将工程与科研相结合，因地制宜的设置雨水渗透、屋顶滞蓄、雨水调蓄等试验区域的典型案例，成功实现院内 2 年一遇 24h 降雨不外排，经多年的运行，效果良好，如图 3.16 所示。

（a）改造前

（b）改造后

图 3.16　北京市水科学技术研究院透水砖路面改造前后效果照片

3.3.2　行道树渗集自灌

现行城市的行道树之间的地面普遍采用不透水或弱透水的硬化铺装，使降雨不能入渗地下，难以补给行道树根区的土壤水分。而传统的城市行道树灌溉方法多采用传统穴灌方式，由于人为因素，容易出现灌水不足或过量灌溉情况，容易造成水资源的浪费。同时，由于行道树的树木根区土壤垂直渗漏损失较大，灌水效率低，不利于树木生长，还增加了管理维护负担，消耗大量的人力物力资源。因此，在水资源极度短缺的北京，急需一种能充分利用雨水，特别是树木间的铺装地面雨水，对树木根区实施有效灌溉的新方法。行道树渗集自灌技术即是能将行道树间渗透铺装下渗的雨水，通过渗排水板及渗透管进行收集，汇集到行道树底部周边的 PP 模块储水箱内，再通过低压渗灌网对树木根系进行灌溉，从而滋养树木根系，降低日常浇灌用水量，达到节约水资源目的的一种新型灌溉节水技术。

3.3.2.1 行道树渗集自灌的结构与技术原理

行道树渗集自灌技术由三部分组成：雨水收集系统、雨水储存系统、自动灌溉系统，如图 3.17 所示。

自动灌溉系统采用负压灌溉的原理，是地下灌溉的一种，将灌水器埋于地下，利用土壤基质势的吸力和作物的蒸腾"拉力"将水分从水源处"吸到"灌水器周围的土壤中，实现自动供水。之所以称为负压灌溉，是因为灌水器的位置高于水源处的位置，即水从高程低处向高程高处运动。这种灌水方法的理论依据是土壤水分运动规律和能量守恒定律，水分运动的驱动力是灌水器外土壤的水势与内部水源的水势梯度。负压灌溉的整个灌水系统通常由水源、输水管道和灌水器三个部分组成。

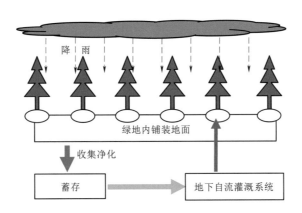

图 3.17　行道树渗集自灌技术原理示意图

3.3.2.2 应用案例与效果

行道树渗集自灌技术示范工程所在地北京奥林匹克公园是举办 2008 年奥运会（残奥会）的核心区域。工程实施了集雨系统、蓄渗筐、微灌灌水器、地下自动灌溉系统等，实现铺装地面雨水直接就地集蓄后自然回灌到行道树植物根区，如图 3.18 所示。工程构建树阵雨水就地渗蓄自灌系统的成本约为 30 元/m²，后期基本没有运行维护费用。北京奥林匹克公园中心区树阵共有树木 3246 棵，树阵总面积 75260m²，与喷灌加微灌方式相比，铺装树阵雨水就地渗蓄自灌系统在建设阶段节省费用 376300 元，运行期间每年节省费用68556 元（0.91 元/m²），经济效益可观。

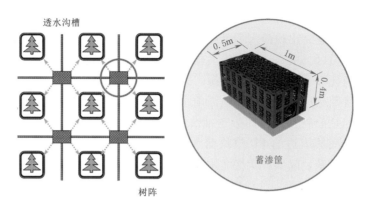

图 3.18 行道树渗集自灌示范工程布置图

3.4 城市道路径流减控与污染削减

城市道路径流减控与污染削减的措施有多种，本节主要介绍环保型雨水口、路边植草沟、生物滞留槽、倒置生物滞留设施 4 项技术。

3.4.1 环保型雨水口

3.4.1.1 结构与原理

雨水口是地表径流进入雨水管线的入口，也是进行面源污染过程控制的重要环节。为提升道路雨水径流污染削减能力，设计了包含上端环保型雨水口过滤斗（图 3.19）和下面雨水口过滤挡墙的多功能环保型雨水口。上端环保型雨水口过滤斗可采用截污型挂篮或防臭截污一体装置（图 3.20、图 3.21），截污型挂篮上口形状与雨箅子形状相适应，四周侧壁上设有滤水孔，雨水进入雨水口过滤斗后通过滤水孔进入雨水口内部，水中大于过滤孔宽度的 SS 将被拦截，同时，水中一些较重的固体 SS 沉积到斗底，污染物削减率可达到 50%～91%。

除此之外，在环保型雨水口基础上可以根据需要加设防臭截污一体装置。该装置包括滤料包、截污防臭一体挂篮、闸门、配重块等组件，为塑料或金属材质，结构简单，通过滤料拦截、过滤雨水中的固态悬浮物和杂物；利用单向阀的原理防止雨水口内异味外逸，单向阀挡板具有自闭功能阻止气体逸出。

（1）小雨及初期雨水，降雨时雨水从地面径流汇集到雨水口，经雨水截污挂篮滤料过滤后至闸门处，在重力的作用下闸门失去平衡被打开，被过滤后的雨水流进雨水口内。当雨水排完后在配重的作用下闸门再次关闭。

（2）当降雨较大时，截污挂篮仅利用底部的排水孔无法满足排水时，水面会在截污挂篮内部上升，达到溢流口时水会从溢流口流至闸门处，通过闸门排入雨水口内。

（3）不降雨时，地面杂物进入雨水口被截污挂篮拦住，闸门关闭雨水口内部的气体被隔离，不排到地面，避免了污浊气体污染环境。为保证产品防臭效果，闸门凸起面高于截污挂篮内底面，目的是防止闸门被长期积累的尘土意外打开，同时增加闸门的密封效果；

其次在截污挂篮底部凸起部分加装橡胶密封圈，在配重作用下密封效果明显。

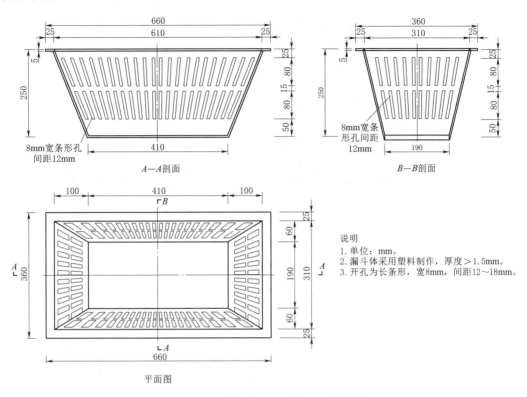

说明
1. 单位：mm。
2. 漏斗体采用塑料制作，厚度＞1.5mm。
3. 开孔为长条形，宽8mm，间距12～18mm。

图 3.19 环保型雨水口的过滤斗设计图

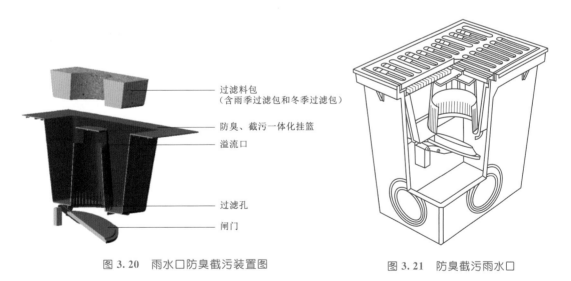

图 3.20 雨水口防臭截污装置图

图 3.21 防臭截污雨水口

3.4.1.2 应用成效

环保型雨水口技术应用于北京城市副中心行政办公区周边道路中，一期应用 1300 个，如图 3.22 和图 3.23 所示。雨水口防臭截污技术在合流制区域通州胡各庄大街 9 号院改造项目中进行了应用，根据现有雨水口规格进行定制，材质为不锈钢。该示范工程于 2020

年 5 月实施完成，供计 170 套（图 3.24）。

图 3.22　环保型截污挂篮

图 3.23　截污挂篮实际截污效果

3.4.2　路边植草沟

3.4.2.1　结构与原理

植草沟是指在路边、开放式洼地或沟渠中有植被的一种工程性措施，以种植草类为主，断面形式多采用三角形、梯形或抛物形。根据地表径流在植草沟中传播方式的不同，植草沟分为三种类型：标准传输植草沟、干式植草沟和湿式植草沟。植草沟适用于城市道路的机动车道与非机动车道分隔带或道路中央隔离带，也可设置在新建区域、工业厂房、学校、办公区域的内部道路一侧或两侧，用以替代传统的排水沟。

图 3.24　防臭截污雨水口安装效果

以干式植草沟为例，其结构组成及相应设计参数自上而下依次为：①200～300mm 深的表层积水洼地，断面形式宜采用倒抛物线形、三角形或梯形，边坡坡度（垂直：水平）不宜大于 1：3，植被高度宜控制在 100～200mm；②200～300mm 厚的有机覆盖层；③400～600mm 厚的混合土层；④300～400mm 厚的碎石层；⑤根据需要在碎石层内铺设排水花管；⑥道路旁的植被草沟宜采用孔口路牙、格栅路牙或其他形式进水口，以保证道路雨水能够顺利进入植草沟，进水口附近应铺设碎石或鹅卵石保护层，防止冲刷。如图 3.25 所示。

植草沟对降雨径流污染物削减的作用机理主要有物理、化学、生物三个方面。植草沟的污染物削减效果与实验历时、实验降雨总量、实验降雨强度等因素有关，对各种污染物总量削减效果从大到小依次为：悬浮物（SS）＞氨氮（NH_3-N）＞化学需氧量（COD）＞总氮（TN）＞总磷（TP）。五种污染物的削减率随降雨总量的增加都呈下降趋势，总氮的削减率随降雨总量的增加下降趋势最明显，相关性为 0.9 以上；悬浮物的削减率随降

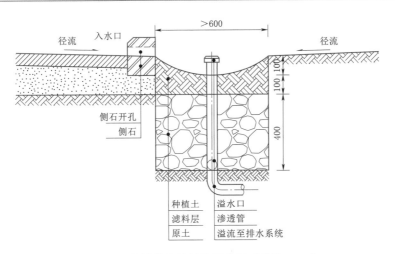

图 3.25　植被草沟的结构示意图（单位：mm）

雨总量的增加下降趋势最不明显，只有 0.34，这是因为植草沟内有很多草屑，草屑会随着径流流入到植草沟的排水口处，不确定性很大。将降雨强度作为自变量，其污染物削减率随平均雨强的增加呈直线下降趋势，总磷、总氮、氨氮、化学需氧量的相关性均能达到 0.9 以上，只有悬浮物的相关性最低为 0.7，这也与植草沟内的草屑有关。

3.4.2.2　应用成效

在北京未来科学城北区的几条道路上建设生态植草沟，实景效果如图 3.26 所示。道路雨水通过开口路缘石流入路边生态植草沟内，利用植物对降雨径流的拦截增加水力停留时间，利用植草沟内的土壤对降雨径流下渗的作用，削减洪峰流量并延缓洪峰出现时间，同时通过植草沟对降雨径流中污染物的截留、沉降、吸附、分解等作用削减污染物的排放量。为提高滞蓄入渗效果，部分生态植草沟在其下部安装储水模块，道路雨水经集水井进入储水模块中存蓄，蓄满后再经溢流管进入市政管道。模块内的水通过周边透水土工布再渗入周围土壤。

图 3.26　北京未来科学城生态植草沟现场图

监测结果表明，植草沟有很好的削减洪峰的效果，洪峰流量削减率为 40%～50%，将降雨总量作为自变量，洪峰流量削减率随降雨总量的增大呈下降趋势，且植草沟的洪峰流量削减率与径流总量呈对数相关，相关性系数 R^2 为 0.8437。将平均雨强作为自变量，植草沟的洪峰流量削减率随平均雨强的增加而呈下降趋势。植草沟的洪峰流量削减率与平均雨强同样呈对数相关，相关性系数 R^2 为 0.798。

3.4.3 生物滞留槽

3.4.3.1 结构与原理

生物滞留设施是一种分散的小规模措施，能在源头上对水量进行控制，有效蓄渗雨水径流，降低城市发展对自然水文循环的影响，主要体现在控制径流总量、削减洪峰流量、推迟峰现时间等方面。生物滞留池在地势较低的区域，通过区域内的植物、土壤和微生物系统的滞留、净化和入渗作用，起到对雨水径流水质净化和总量控制的作用。生物滞留设施通常设置在硬质道路周边，用来收集净化来自道路的雨水径流，其结构如图 3.27 所示。为提高道路排水能力，通常采用开口缘石的做法，提高雨水径流的汇入量。被收集和滞留的雨水径流中的较大粒径杂质经过土壤过滤作用被拦截，可溶性的有机污染物质则通过植物吸收和微生物降解得以去除，使雨水水质得到净化。然后在土壤的渗透作用下，被净化的雨水下渗补给地下水。

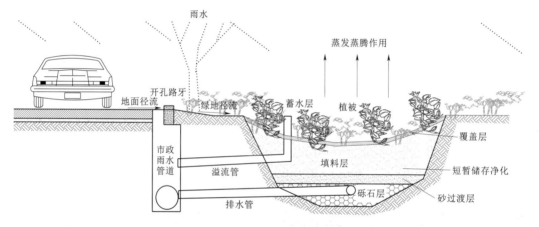

图 3.27 生物滞留槽剖面图

生物滞留池设施竖向结构自上而下依次是蓄水层（15cm）、溢流管、植物、松树皮覆盖层（5cm）、填料层（60cm）、碎石排水层（30cm）及防渗层。碎石层底部埋设了一根 PVC 穿孔管用以收集出水。溢流管也与穿孔管相连，穿孔管接入一个 $1.8m \times 1.5m \times 1.45m$ 的渗透观测井用以进行流量及水质监测。穿孔收集管尾部向上弯曲，保证出水流量为满管流，方便流量计进行测量。

生物滞留设施的填料对径流减控和水质净化效果影响较大。若以调控径流量为主要目的，应选择颗粒级配较细、孔隙度较小的填料；若以较快消除地表径流为主要任务，则应选择添加了高炉矿渣等大粒径颗粒、孔隙度较大的填料。砂土填料的生物滞留槽对 5 种污染物总量和浓度的去除效果依次为 TP＞BOD＞COD＞$NH_3 - N$＞TN。其中，生物滞留槽对污染物总量的削减效果要好于对浓度的去除效果，对总量和浓度去除效果最好的都是TP，最差的是 TN。生物滞留槽对 TP 的浓度削减效果最好，对 TN 的浓度削减效果最差。对 TN 的削减效果不稳定,这种现象可能是由于在水分入渗过程中,填料或植物根系中某些营养物质析出有关。

3.4.3.2 应用成效

在北京城市副中心某小区的海绵城市改造工程中建设了生物滞留设施并进行了效果监测。该生物滞留设施面积约 25m²,生物滞留设施的结构自上而下依次为 20cm 蓄水层、50cm 种植土层、10cm 中砂层、30cm 砾石排/蓄水层,生物滞留设施底部为原土夯实。在生物滞留设施的地表设置有溢流口,溢流口高度约 15cm,当生物滞留设施的地表积水水位超过溢流口高度时,超标雨水径流将通过溢流口排入小区内部管网。该生物滞留设施的入流为雨落管引入的 120m² 屋面雨水径流。

根据生物滞留设施所涉及的主要水文过程,建立了入流水量、溢流水量、蓄水深度、土壤含水率、径流水质等监测系统,监测系统概化图如图 3.28 所示,现场实景如图 3.29 所示。

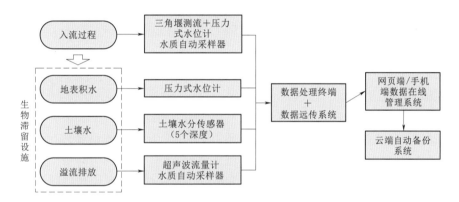

图 3.28 某小区生物滞留设施监测系统概化图

图 3.29 某小区生物滞留设施监测系统现场实景

(1)入流水量监测。对雨落管进行简单改造,将入流的屋面雨水径流引入三角堰箱,在消能处理后,利用压力式水位计结合三角堰测流公式,计算得到屋顶入流过程。

（2）溢流水量监测。溢流口的外排径流通过排水管由检查井接入小区内部排水管道。在检查井内部的排水管出口处，布设了一个超声波流量计，用以监测溢流水量过程。

（3）蓄水深度监测。当生物滞留设施的表层入渗能力小于降雨强度时，地表形成积水，因此在生物滞留设施最低点布设了一个压力式水位计，用以监测地表蓄水深度的变化。

（4）土壤含水率监测。生物滞留设施的表层为深度 50cm 的种植土层，为了监测入渗水量对土壤含水率的影响，在地表以下间隔 10cm，布设了 5 个不同深度的土壤水分传感器（10cm、20cm、30cm、40cm、50cm）。在土壤水分传感器布设前，通过原状土进行了标定。

（5）径流水质采样。为了获得生物滞留设施的入流和出流水质变化过程，分别在入流三角堰箱和溢流口处布设了两个水质自动采样装置，流量计、水位计和土壤水分传感器的监测频率为 5min/次。

监测结果表明，在 8 倍的服务面积条件下，生物滞留设施大雨场次（24h 降雨大于 50mm）的径流总量控制率在 80％左右，暴雨场次明显超出生物滞留设施的调蓄能力，其径流总量控制率降低到 60％以下。

3.4.4　倒置生物滞留设施

3.4.4.1　结构与原理

传统生物滞留技术为上层土壤、下层滤料的结构，但通过实际工程调研并结合本团队相关研究发现：截留的污染物往往停留于上层的土壤，而下层的滤料层起不到截留污染物作用，土壤也因此容易堵塞；生物滞留表层植被覆盖度低，水土流失问题严重；由于滤料层位于土壤底部，长时间运行污染物吸附饱和后，更换麻烦。针对上述问题，提出了一种将填料层置于表层的倒置生物滞留技术。通过填料层倒置，可有效防止生物滞留设施水土流失，涵养种植土层水分，充分发挥填料对污染物的吸附净化性能，且便于更换（图3.30）。

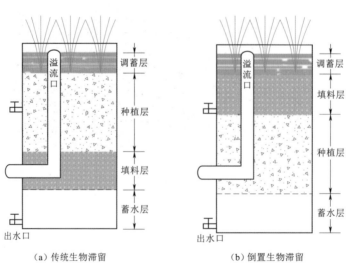

（a）传统生物滞留　　　　　　　（b）倒置生物滞留

图 3.30　倒置生物滞留装置示意

滞留装置自上而下依次包括调蓄层、种植层、填料层和蓄水层。调蓄层包括竖直穿插在填料层和种植层中的溢流管，溢流管上端比相邻硬化下垫面至少低 5cm，且比填料层表面至少高 10cm，溢流管底部出水口接入蓄水层，且底部填有滤料，填料底部与种植层底部平齐，溢流管侧壁设有横支管与城市雨水管网相连通，且横支管底部高于溢流管内滤料顶部至少 5cm，通过填料层和种植层去除水中污染物。种植层包括竖直穿插在种植层和蓄水层中的自吸式材料，其上端比种植层顶部低至少 10cm，下端不高于蓄水层底部 2cm，当种植层中的土壤水分蒸发严重时，通过毛细作用将蓄水层中集蓄的雨水自吸至种植层中，补充种植层中植物生长所需水分，实现雨水自回用。

3.4.4.2 应用成效

倒置生物滞留技术应用于通州区某水厂，示范应用面积 400m²，以有效削减水厂雨水径流污染负荷，如图 3.31 和图 3.32 所示。

图 3.31 倒置生物滞留设施施工现场

图 3.32 倒置生物滞留设施应用成效

经过 2 个雨季的运行表明，倒置生物滞留技术达到了预期设计目标，解决了持水性能低、表层水土流失、填料养护困难等问题。结合室内试验，该技术的量化指标如下：

（1）在小于 20 年一遇重现期降雨条件下，倒置生物滞留技术在径流总量控制率、峰值削减率方面比传统生物滞留分别提高了 9%～21%、1%～32%，在延峰时间方面比传统生物滞留最大延长了 8min。

（2）在对 TP、TN、COD、NH_3-N 去除效果方面，倒置生物滞留技术均优于传统生物滞留，且倒置生物滞留技术出水水质更稳定。

（3）倒置生物滞留表层的填料在降雨强度较大时能够起到消能的作用，可防止表层累积污染物冲刷和再悬浮，缓解生物滞留设施水土流失问题，有效控制雨水径流污染。

3.5 建筑小区径流减控与污染削减

城市建筑与小区总体分为居住区、商业区、工业区三种形式，下面分别根据其特点总结其径流减控与污染削减的技术模式。

3.5.1　居住区径流减控与污染削减

3.5.1.1　居住区特点

城市居住类建设项目具有比较鲜明的建设及排水特点，并对径流减控与污染削减措施的选择与配置具有重要的影响。

1. 建设特点

（1）下垫面面积比例较平均，各类用地面积比例较固定，不同项目之间的变化不大；其中绿地面积约占 30％，屋顶、路面面积约各占 30％～40％。

（2）在空间上，下垫面分布较均匀，建筑物周边一般都有接近等面积的绿地，道路穿插于建设小区内部，大面积的集中广场不多见。

（3）新建小区大多配有地下停车场，地下空间利用率越来越高。

（4）建筑物较高，一般高于 20m，大多有高于 15 层的建筑物，居住密度较大。

（5）管线较多，包括给水、中水、排水、雨水、电力、通信、有线电视、燃气、热力等多种管线，占用较多的地下空间。

（6）业主分散，不利于设施管理。

2. 排水特点

（1）由于建筑物大多均布于小区内，故而小区内的集流面较分散，不透水面积周边绿地易于消纳雨水。

（2）排水设计标准一般较低，遇暴雨易形成路面积水、地下室进水等灾害。

3.5.1.2　居住区径流减控与污染削减技术模式

根据居住区特点，可采用"分散下渗为主，调蓄利用为辅"和"集中调蓄为主，点状下渗为辅"的径流减控与污染削减模式，分别如图 3.33、图 3.34 所示。

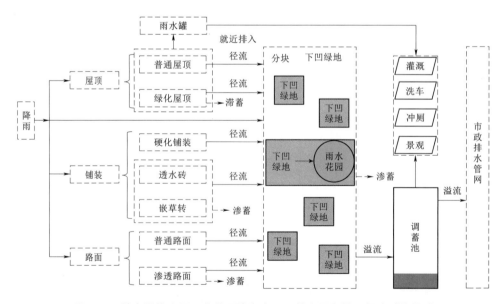

图 3.33　城市居住小区"分散下渗为主，调蓄利用为辅"径流减控模式

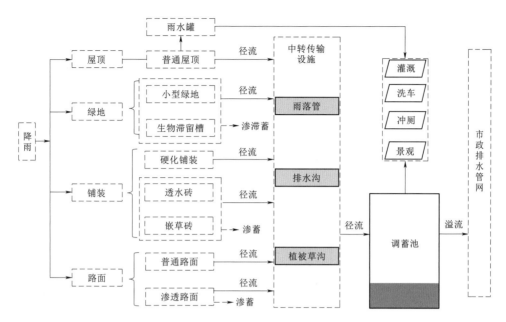

图3.34 城市居住小区"集中调蓄为主，点状下渗为辅"径流减控模式

结合城市居住类建设项目的建设及排水特点，可以选择出适合的径流减控与污染削减措施。这些设施主要包括：生物蓄留池（雨水花园）、屋顶绿化、下凹绿地、透水铺装、植草沟、调蓄池、雨水罐等。

对于绿化率≥25%的城市居住小区，径流减控与污染削减措施适宜采用"分散下渗为主，调蓄利用为辅"的配置模式。该模式主要基于分块的下凹绿地、透水铺装设施进行下渗。屋面、道路与广场降雨径流就近排入附近的下凹绿地、雨水花园或景观水体；分散布置少量点状雨水罐设施收集屋面雨水，并在小区排水系统末端设置雨水调蓄池。在对雨水进行初步净化后，可用于小区洗车、冲厕及景观用水，以提高雨水资源的利用效率。

对于绿化率<25%的城市居住小区，由于小区内绿地较少且缺乏大型开放空间，径流减控与污染削减措施适宜采用"集中调蓄为主，点状下渗为辅"的模式。该模式主要利用调蓄池对雨水径流进行调蓄与利用。该模式主要利用调蓄池对雨水径流进行调蓄与利用。对于屋面、道路与广场上的降雨径流，通过雨水管网、植草沟等工程设施引导进入地下调蓄池。在对雨水进行初步净化后，可用于小区洗车、冲厕及景观用水，以提高雨水资源的利用效率。可以在小区内分散布置少量小面积绿地、小型生物滞留槽等设施，增加小区内的降雨入渗。这类小区一般建成时间较长，屋顶设计标准较低，不适合建造屋顶绿化。

3.5.2 商业区径流减控与污染削减

3.5.2.1 商业区特点

城市商业区种类较多，包括：都会型、社区型、交通型、办公型等。其中，商业办公类项目的数量较多，在城市房地产类生产建设项目中所占的比例约为40%。城市商业办公区类项目的建设与排水特点比较明显，对径流减控与污染削减措施的选择与配置也有自身的要求。

1. 建设特点

（1）一般都建有集中广场或集中绿地。

（2）路面所占比例约为 35%；建筑物所占比例约为 35%；绿地面积所占比例约 30%。

（3）人员密集，集中活动。

（4）有固定部门负责设施的运行管理。

2. 排水特点

汇流面较集中，容易产生集中径流。

3.5.2.2　商业区径流减控与污染削减技术模式

基于上述分析结果，提出适用于商业区的"调蓄利用为主，引导下渗为辅"和"调蓄利用为主，分散下渗为辅"两种径流减控模式，技术方案分别如图 3.35、图 3.36 所示。

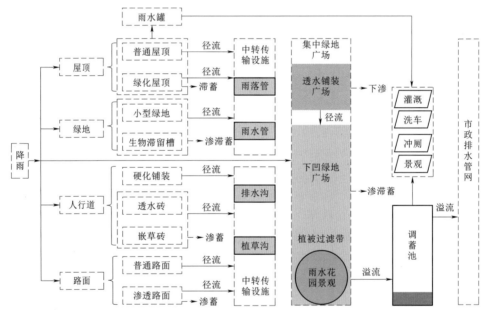

图 3.35　城市商业办公区"调蓄利用为主，引导下渗为辅"径流减控模式

结合城市商业办公类项目的建设及排水特点，可以选择适合的径流减控与污染削减措施。这些设施包括：植物蓄留池（雨水花园）、屋顶绿化、下凹绿地、透水铺装、植草沟、入渗沟、调蓄池、雨水罐。

对于以集中绿地为主的城市商业办公区，由于不透水汇流面比较集中，距离绿地较远，容易产生集中径流。径流减控与污染削减措施适宜采用"调蓄利用为主，引导下渗为辅"的模式。该模式主要利用调蓄池对雨水进行收集利用，基于大面积下凹绿地与透水铺装广场进行下渗。对于屋面、道路上的降雨径流，通过雨水管、植草沟等工程设施引导进入下凹绿地广场，多余径流进入雨水花园景观水体。区域排水系统末端设置较大型的地下

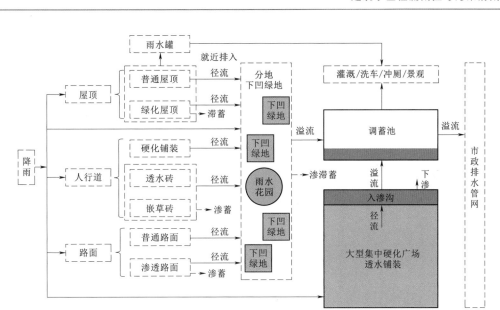

图 3.36　城市商业办公区"调蓄利用为主，分散下渗为辅"径流减控模式

雨水调蓄池，在对雨水进行初步净化后，可用于小区洗车、冲厕及景观用水，以提高雨水资源的利用效率。建筑区内分散布置一些小型绿地景观以及少量点状雨水罐设施收集屋面雨水。下凹绿地上部应设置溢流措施，以保证超标雨水可以及时排走，进入雨水回收循环利用管网。

对于以集中硬化广场、分散绿地为主的城市商业办公区，绿地总面积所占比例依然可以达到约30%，径流减控与污染削减措施适宜采用"调蓄利用为主，分散下渗为辅"的模式。该模式主要利用调蓄池对雨水进行收集利用，利用分块下凹绿地与集中透水铺装设施进行下渗。屋面、道路降雨径流就近排入周边的下凹绿地、雨水花园或景观水体。分散布置少量点状雨水罐设施收集屋面雨水。在小区排水系统末端设置较大型的地下雨水调蓄池，在对雨水进行初步净化后，可用于小区洗车、冲厕及景观用水，以提高雨水资源的利用效率。集中广场采用透水铺装进行雨水下渗，多余径流通过入渗沟槽或雨水管网等设施传输至雨水调蓄池。

3.5.3　工业区径流减控与污染削减

3.5.3.1　工业区特点

城市工业厂房类建设项目的总体数量不多，在城市房地产类生产建设项目中所占的比例约为4%。城市工业厂房类项目的建设与排水特点比较明显，对径流减控与污染削减措施的选择与配置也有自身的要求。

1. 建设特点

（1）该类项目的绿地面积比例较小，约占15%，只有个别占地面积较大的企业能够规划较多的绿地。

（2）建筑物占地面积较大，约占50%。

（3）建筑物分布不均，有面积较大且集中的建筑物。

（4）建筑物中大部分为中、低层厂房或办公类，一般高度在 15m 以下。

（5）有面积较大且集中的广场，如卸货区、停车场等；附属构筑物多，分布于厂房、办公类四周。

（6）管线较多，包括给水、中水、排水、雨水、电力、通信、有线电视、燃气、热力等多种管线，管线较密集，占用较多的地下空间。

（7）道路、广场承载力要求高，有重型汽车驶入。

（8）厂区必然有不同程度的工业污染，污染物视工艺类型而定。

（9）有固定部门进行设施运行管理。

2. 排水特点

（1）由于建筑物屋顶产流量大，周边绿地无法完全消纳。

（2）产流面较集中，如大面积的厂房屋顶、集中广场等，不利于径流减控与污染削减设施的布置。

（3）降雨径流污染较为严重。

3.5.3.2 工业区径流减控与污染削减技术模式

基于不同径流减控与污染削减措施适用区域特征分析结果，对于城市工业厂房类项目，由于绿地面积比例较小，一般降雨径流污染较为严重，低影响开发措施适宜采用"集中调蓄为主，净化处理为辅"模式，技术方案如图 3.37 所示。结合城市工业厂房类项目的建设及排水特点，可以选择出适合的径流减控与污染削减措施。这些设施主要包括：雨水花园、屋顶绿化、透水铺装、入渗沟、植草沟、植被过滤带、净化沉淀池、调蓄池等。

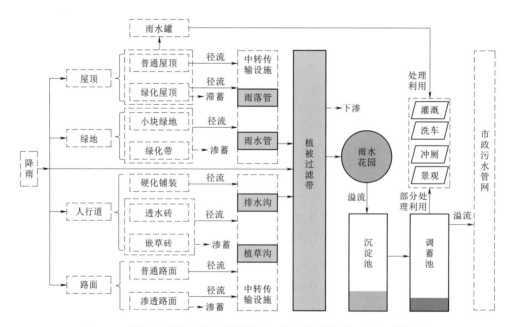

图 3.37 城市工业区"集中调蓄为主，净化处理为辅"径流减控模式

　　该模式主要依靠雨水管、植草沟、植被过滤带及雨水管网等设施引导屋面、道路降雨径流经植被过滤带进入雨水花园及调蓄池，最终排入市政污水管网。其中，降雨径流在传输过程中，植草沟、植被过滤带、雨水花园等可以对径流水质起到一定的处理作用。调蓄池中的部分雨水在进行初步净化后，可用于洗车、冲厕及景观用水，以提高雨水资源的利用效率。局部区域采用透水铺装、绿地进行下渗。

第 4 章

城市径流过程调控

降落在屋顶、绿地、铺装地面、城市道路等不同类型下垫面地表所产生的径流，需要通过各级管网汇流最终排入河湖。在汇流过程中，流量、水质都不断发生变化，因而可以采取有效的措施调控汇流过程，使其排河的峰值削减、过程延长、污染减轻，这对于城市水生态环境的提升具有重要作用。

城市径流汇流过程中可在管网内采取调控措施，也可引导管网外进行离线调控。管道内可以采取调控排放、泥沙分离、过滤、漂浮物拦截、管道清理、合流制溢流污染控制等措施。离线措施可利用绿地、砂石坑、辐射井等进行调控、利用。本章主要介绍适合北京的几种重要的径流过程调控技术。

4.1 管网径流过程调控

4.1.1 雨水调控排放

调控排放是在雨水排出区域之前的适当位置，利用洼地、池塘、景观水体或调蓄池等调蓄设施和流量控制井和溢流堰等控制设施，使区域内的雨洪暂时滞留在管道和调蓄设施内，并按照应控制的流量排放到下游。调控排放系统包括调蓄、流量控制和溢流等设施，设计的关键是确定调蓄容积、溢流堰顶高程。

4.1.1.1 雨水调控排放技术原理

调控排放示意图如图 4.1 所示。

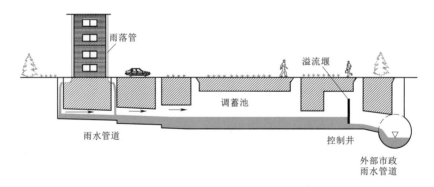

图 4.1　调控排放示意图

调控排放系统具体的调控过程如下：

（1）当管道系统汇集的雨水径流小于控制井限定的过流量时，雨水按照汇集的流量排入下游市政管道。

（2）当径流流量大于设定的下泄流量时（设定的流量可以是某一流量区间），按照设定的下泄流量排放，此时系统产生壅水，蓄水池和管道系统的水位逐渐上涨，逐渐达到最大水位。

（3）随着降雨强度的减弱和系统持续按照设定的流量排水，系统内的水位又逐渐降低，最后全部排空。

（4）当遇到超过设计标准的降雨时，系统的水位会超过溢流堰的堰顶，溢流进入下游雨水管道。

4.1.1.2　雨水调控排放系统构成

雨水调控排放系统的主要设施包括调蓄、分流、水位控制、流量控制等设施。这些设施可分别单独设置，也可根据情况进行组合，在一个构筑物内集成多种设施。

1.调蓄设施

雨水调蓄可以采用雨水管道、专用的调蓄设施如调蓄池等，或借助于已有的设施（如天然洼地、池塘、景观水体等）进行调节和滞蓄。调蓄设施的形式有许多种，根据建造位置不同，可分为地下封闭式、地上封闭式、地上敞开式（地表水体）等。根据雨水调蓄池与雨水管系的关系，雨水调蓄有在线式和离线式之分。

（1）地下封闭式调蓄池。地下封闭式调蓄池可以是钢筋混凝土结构、砖石结构、玻璃钢结构、塑料结构与金属结构等，目前多采用钢筋混凝土或砖石结构，其优点是节省占地、便于雨水重力收集、避免阳光的直接照射、保持较低的水温和良好的水质、藻类不易生长、防止蚊蝇孳生、安全。

（2）地上封闭式调蓄池。地上封闭式调蓄池常用玻璃钢、金属或塑料制作，一般用于单体建筑屋面雨水集蓄利用和调控排放系统中等。其优点是安装简便、施工难度小、维护管理方便，但需要占用地面空间，水质不易保障。

（3）地上敞开式调蓄池。地上敞开式调蓄池属于一种地表水体，其调蓄容积一般较大，费用较低，但占地面积较大，蒸发量也较大，常利用天然池塘、洼地、人工水体、湖泊、河流等调蓄。可将雨水调蓄池与初期径流弃除、沉淀、过滤池结合在一起建造，形成具有多种功能的雨水调蓄池。也可将调蓄、流量控制、溢流等功能在一个调蓄设施内集成。

2.分流与水位控制设施

雨水利用系统都有一个设计标准，当来水量大于设计标准时，必须进行分流和水位控制，其设施主要为溢流堰和旋流分离器等。溢流堰的种类有单侧堰和双侧堰等多种，目前单侧堰使用较多。常用的堰有固定堰和自调节溢流堰两类，固定堰一般为实用堰，用混凝土浇筑或砖砌后砂浆抹面。

为了防止雨水管道中的漂浮物流到调蓄池内，在进入调蓄池的溢流堰上安装拦污栅网，可定期自动或人工冲洗栅格。为了防止外部市政雨水管线的雨水倒流入系统，在溢流堰外或管道出口处安装防止回水的拍门或单向阀。

3. 流量控制设施

为了使外排流量限制在一定的范围内，需要对流量进行控制。流量控制的设备分为反馈型和无反馈型流量调控器两类。无反馈型调控器不是根据下游流量的变化，而是根据上游来水量的变化调控闸门或闸板的开度。反馈型流量调节器根据下流流量的大小控制闸门开度，使下游流量基本保持不变。

无反馈型流量调控器有限流短管、涡旋式节流阀、机械调节阀和自动调节阀四种，如图4.2所示。限流短管是最简单的流量调控设备，管道直径一般在200～300mm，既要限流，又要防止堵塞。涡流式调节阀形状像蜗牛，水流沿切线方向流入后在阀体内旋转，流速越大离心力越大，对进口处的水流压力也越大，迫使进水口的有效断面减小，流入的水量减少，从而实现流量限制。机械调节阀根据上游水位的变化，通过机械传动系统调节阀门开度，上游来水量大，水位升高，阀门开度减小；水位减小时，阀门开度增大。自动调节阀门则由传感器得到上游水位值，经控制器控制电动阀门的开启高度，实现流量调控。

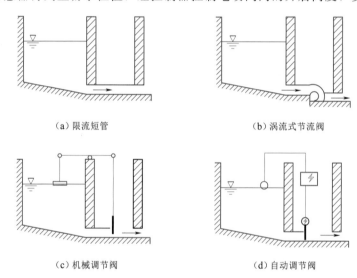

（a）限流短管　　　　　　　　（b）涡流式节流阀

（c）机械调节阀　　　　　　　（d）自动调节阀

图4.2　无反馈型流量调控器原理简图

反馈型流量调控器是根据下游水位或流量的变化控制阀门开度的，也有机械调节和自动调节两种，如图4.3所示。反馈式机械调节阀的水位感应器在下游，调节阀门在上游滞蓄池内。反馈式自动调节阀根据下游的流量自动调节阀门开度。

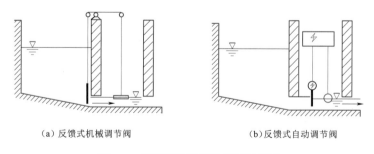

（a）反馈式机械调节阀　　　　　　　（b）反馈式自动调节阀

图4.3　反馈型流量调控器原理简图

4.1.1.3 应用案例与成效

在北京通州区某小区采用 1 年一遇降雨的设计标准，用流量控制设施，使排水流量控制在一定的范围，按照较均匀的流量直接排入市政管网（图 4.4），从而达到削减洪峰流量的目的。在系统管道末端建造流量控制井，安装控制闸。使用 DN400 闸阀开启 200mm 高度，调控出口流量。应用计算机软件模拟 1 年一遇降雨在整个系统中的产流和汇流过程。该方案经调蓄控制排放后，1 年一遇设计降雨的最大出流量为 157L/s，与不采取雨洪利用措施 1 年一遇屋顶雨水的出流量 483.3L/s 相比较减小了 67.5%。既能削减排入外部市政管道的洪峰流量，又具有很强的可实施性，并且经济实用。

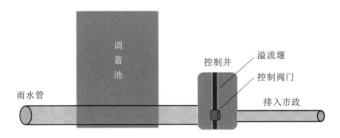

图 4.4　调控排放系统的布置

雨水综合池内部流程为：初期径流优先排除，后期径流经带侧堰流槽溢流入池内，雨水经砂过滤系统过滤后流入清水池，水位上涨超过溢流堰顶以上的空间为调蓄空间，雨峰过后池内水位开始下降，直到溢流堰顶，溢流堰顶以下的空间为蓄水空间，可由水泵提水使用，具体流程如图 4.5 所示。

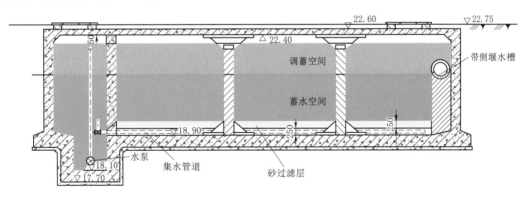

图 4.5　调控排放系统的雨水综合池

4.1.2　雨水管道清理

由于雨水管道内部自身的复杂性和隐蔽性，导致城市雨水管道存在破损、淤积、入渗入流等现象，进而致使城市出现内涝、水体黑臭、路面塌陷、溢流污染等问题，对城市发展及居民的正常生活产生影响。为加快提高排水运行管理能力，防止初期降雨污染河湖，北京市近年来组织相关单位在全市范围内集中开展了"清管行动"，保障城市汛期排水通畅，持续改善首都水环境质量。

4.1.2.1　管道清理常用技术与方法

为加强城镇排水管道维护的管理，规范排水管道维护作业的安全管理和技术操作，提高安全技术水平，住房和城乡建设部发布的《城镇排水管道维护安全技术规程》（CJJ 6—2009）对管道检查、管道疏通、清掏作业、管道及附属构筑物维修均进行了相应规定。《城镇排水管渠与泵站运行、维护及安全技术规程》（CJJ 68—2016）对排水管渠养护、污泥运输与处理处置、检查与评估、管渠修理等进行了相应规定。

管道维护作业采用设备包括机动绞车、高压射水车、真空吸泥车、淤泥抓斗车、联合疏通车等。当维护作业人员进入排水管道内部检查、维护作业时，必须符合的要求包括：管径不得小于 0.8m，管内流速不得大于 0.5m/s，水深不得大于 0.5m，充满度不得大于50%。在快速路上，宜采用机械维护作业方法。管道内部检查时，检查方式包括电视检查、声呐检查和便携式快速检查等。

排水管渠疏通养护可采用射水疏通、绞车疏通、推杆疏通、转杆疏通、水力疏通和人工铲挖等方式，适用于不同范围的排水管渠。清掏作业方式包括人工、淤泥抓斗车、真空吸泥车等。检查井和雨水口的清掏宜采用吸泥车、抓泥车等机械设备。推杆疏通分为竹片疏通、钢条疏通和沟棍疏通，主要采用推通杆直推前进打通管道堵塞。当采用推杆穿竹片牵引钢丝绳疏通时，不宜下井操作。当管内积泥深度超过管半径时，使用大一级的钢丝绳，对方砖沟、矩形砖石沟、拱砖石沟等异形沟道，可按面积折算成圆管后选用适合的钢丝绳。绞车疏通方法是利用通沟牛在两端钢索牵引下，在管道内用人手推或机械牵引来回拖动，从而将污泥推拉至检查井内，再进行清掏。高压射水车在国内管道维护作业中应用不断增多，射水车利用高达 15MPa 的高压水来将管道污泥冲洗到井内，然后用吸泥车等设备取出。当作业气温低于 0℃时，不宜使用高压射水车冲洗。高压射水车喷管放入井内时，喷头对准管底中心线方向，喷头送进管内后，开启高压开关。

清掏前期需对管径、水深、积泥厚度等调查清楚，如有水体排放情况应做好截流工作。井下清淤作业宜采用机械作业方法，清掏工具按照车辆顺行方向摆放和操作，前期打开井盖通风不小于 30min，管道内机械通风的平均风速不小于 0.8m/s。

按照《城镇排水管渠与泵站运行、维护及安全技术规程》（CJJ 68—2016），城镇排水管渠宜采用机械化手段养护、电视声呐检测与非开挖修理。排水管渠养护内容包括管渠清淤疏通、检查井和雨水口清捞、井盖及雨水箅更换。养护后不留杂物，管道允许积泥深度为管内径高度的 1/5，检查井有无沉泥槽对应的积泥深度分别为管底以下 50mm、管径的1/5，雨水口有无沉泥槽对应的积泥深度分别为管底以下 50mm、管底以上 50mm。

4.1.2.2　管道清理对河湖水质的影响

由于雨季河道水质变化大，受降雨过程城市地表径流及合流溢流影响，汛期入河污染对河道水环境产生了巨大影响。为持续改善水环境质量，制度化巩固推进"清管行动"，对"清管行动"效果开展进一步评估，以保障水环境安全。为更加全面地量化"清管行动"效果，从"排水分区-区域-流域"三个尺度开展多要素同步监测。监测要素包括降雨量、排口出流量、排口水质及漂浮物、河道水质等。

排水分区尺度以入河雨水口为对象开展监测分析，遵循同类型排水口位置相近、汇水面积相当、下垫面相似的原则，结合区域降水、土地利用、管网特征，并考虑混接错接情况，选取清管及未清管雨水口进行监测效果对比。区域尺度为监测排水口上下游河道断面水质情况，分析排水口对河道水质的影响。流域尺度为结合北京市中心城区四大流域河流水系及重要河道断面分布情况，选取流域下游河道断面水质开展流域尺度分析。

雨水口入河垃圾漂浮物分析表明，"清管行动"后，雨后入河垃圾漂浮物有所减少，减轻了清理工作量，缩短了清理时间，水环境质量进一步提升。6月监测区域首场中雨，未清管组垃圾漂浮物拦截量 $2.9m^3$，清管组拦截量 $1.5m^3$，降低约1半（图4.6）。

（a）清管   （b）未清管

图4.6　6月清管及未清管垃圾漂浮物情况

7月监测区域首场中雨，由于经过连续场次的降雨冲刷，清管和未清管雨水口均无明显漂浮物（图4.7）。

（a）清管   （b）未清管

图4.7　7月清管及未清管垃圾漂浮物情况

雨水口入河污染负荷分析表明，清管后排水口入河污染负荷降低。6月首场中雨过程，清管组COD、悬浮物2项指标的浓度峰值均低于未清管组，清管后分别下降17%、19%。按监测流量核算，COD及悬浮物的入河污染负荷分别减少2.5kg和20.9kg。

区域尺度水质监测表明，6—7月降雨过程中，清管对下游河道水质有明显改善作用。清管组排水口下游河道COD浓度较上游的升高程度均低于未清管组，其中清管组下游较上游平均升高比例为14%，未清管组为32%。8月降雨后两组的下游河道水质差异不明显，说明随着降雨频次增加，对管道冲刷次数也增多，下游河道水质差异性逐渐降低。

流域尺度水质监测表明，河道断面在清管后的5—6月降雨前COD浓度、降雨后

COD 浓度峰值均较 2021 年同期有所下降。6 月首场降雨前浓度、降雨后浓度峰值较 2021 年同期下降 6%、41%。

4.1.2.3　北京市历年雨水管道清理成效

自 2019 年开始，北京市水务局组织相关单位在全市范围内集中开展"清管行动"，重点对中心城区、城市副中心、新城、乡镇的公共雨水、雨污合流管涵及附属设施进行清掏，范围延伸至居住小区、机关大院、各类学校（特别是大学）校园、医院以及企事业单位的专用雨水、雨污合流管涵及附属设施。

2019—2021 年，"清管行动"对全市范围的雨水管线、雨污合流管涵、雨水口（雨水箅子）、检查井、截流井、拦污坎及入河口进行了全面清掏，对学校、住宅小区和企事业单位等专用雨水管涵、专用雨箅子和专用雨水检查井进行了清掏治理，同时对雨污混接点进行了全面治理。针对"餐饮一条街"等问题突出区域，在街道加装防倾倒雨水箅子，防止倾倒餐厨垃圾等污染物。2020 年清掏污染物总量较 2019 年同期增加 24%，进一步减少污染物进入河湖。2021 年"清管行动"的清掏总量较 2020 年增加 25%，其中公共设施、专用设施、入河口和跨区断面处拦截清理污染物较 2020 年分别增加 21%、41%、75%。

2022 年"清管行动"从"查、清、治"三方面着手，坚持问题导向和综合治理，建立"市指导考核、区统筹、街乡镇主责、运管单位主体"的工作体系，提高清理整治效率，加强排水设施运行、维护和管理能力。范围包括：①中心城区、城市副中心、新城、乡镇的公共雨水、雨污合流管涵及附属设施；②城乡结合部、农村地区雨水管涵、暗涵、沟渠等排水设施；③道路边沟；④居住小区、机关大院、各类学校校园、医院以及企事业单位的专用雨水及附属设施。目标重点：①雨水设施清掏率达 90% 以上，超标设施全面疏通；②将范围扩大到城乡结合部、农村地区，确保三年以下降雨标准不发生积水。清掏总量较 2021 年增加 38%。

4.1.3　辐射井调控雨水

渗井调蓄容积不足时，可在渗井周围连接水平渗排管，形成辐射渗井。辐射井是由大口径集水井和若干径向水平集水管（孔）联合组成的集取地下水的构筑物。当地下水位较深、土层较厚且透水性较差时，如果采用一般的渗井下渗雨水速度很慢，此时可采用辐射井入渗雨水，以增加渗透能力。辐射井入渗的雨水应适当进行净化处理，并满足相应的水质要求。

4.1.3.1　辐射井调控利用雨水技术原理

辐射井的竖井直深度一般大于 2m，并应便于水平管钻机作业。深度可依据土壤质地、透水层深度和地下水位等因素，结合收集雨水的水量和回用条件等确定。水平集水管长度一般为 10~100m，直径 50~200mm。水平集水管数量一般为：砂砾含水层中 8~10 条，黄土含水层中 6~8 条，黏土裂隙含水层中 3~4 条。水平集水管结构形式为双螺旋波纹塑料管和钢管。

辐射井入渗雨水基本原理如图 4.8 所示。可将屋面雨水井初期径流弃除、沉淀过滤后引入辐射井回灌。也可将雨水经透水地面下渗收集后再引入辐射井下渗。辐射井可采用单层水平管或多层水平管。图中所示为双层水平管辐射井雨水下渗利用系统。雨水通过辐射井的上层水平管回渗并存储到土壤中，再从下层水平管收集存储的雨水，然后进行回用。辐射井既能大量存储雨水，又能有效净化和利用雨水。

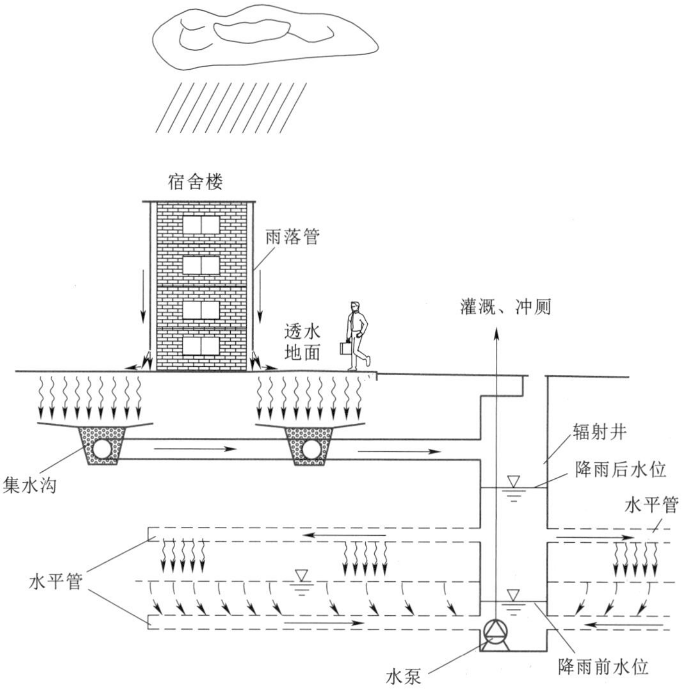

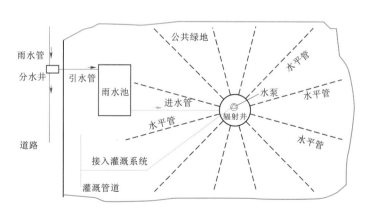

图 4.8 辐射井入渗雨水基本原理

4.1.3.2 辐射井调控利用雨水系统构成

辐射井主要包括以下部分（图 4.9）：与辐射井相连通的集水管、上层辐射管、下层辐射管，设于辐射井底部的水泵以及与水泵连接的雨水回用管。集水管用于收集地表渗入雨水；上层辐射管上设有多个渗水孔，下层辐射管设有多个集水孔，上层辐射管和下层辐射管之间的土体形成渗水调蓄空间；水泵通过雨水回用管与地表连通。

图 4.9 辐射井平面布置示意图

降雨发生后，雨水渗入辐射井的周围地表下，入渗的雨水径流由集水管汇入辐射井，使辐射井内的蓄水水位提高。当辐射井内的蓄水水位高于上层辐射管埋深高度时，辐射井内的蓄水流至上层辐射管内，通过上层辐射管的渗水孔回渗补给上层辐射管与下层辐射管之间的周围土体，辐射井的蓄水利用辐射井周围土体的土壤空隙作为调蓄空间加以存储。当降雨结束后，利用雨水回用管通过水泵抽取辐射井内水到地表使用。

随着辐射井内水位的逐渐降低，直到低于下层辐射管埋深高度时，下层辐射管的集水孔将周围土体渗水调蓄空间的蓄水汇集到下层辐射管，并回补至辐射井内，实现周围土体向辐射井的反向回补，保证调蓄水的充分利用。该系统符合海绵城市建设理念，适用于建筑小区雨水利用系统的建设方案，具有工程投入低、占地面积小、维护便捷等优点。

4.1.3.3　应用案例与成效

通州某水厂的前期海绵改造方案中，在汇水分区末端设置了一个调蓄坑塘，用于滞蓄地表漫流和海绵设施来水，满足 50 年一遇重现期条件下，恢复开发前的径流系数，但仍有外排径流量。拟在该调蓄坑塘的溢流口处，设计一个辐射井（图 4.10），调蓄坑塘的出流通过辐射井入渗调蓄后，超标雨水径流再溢流排入雨水管道，能够大大削减出流量。

图 4.10　辐射井施工过程

结合水文地质资料，初步确定辐射井深度约 8m（位于地下水潜水位以上），井口直径约 3m，水平辐射管长度 8m，均匀分布 4 根。通过新增辐射井，能够增加调蓄容积 28m³，增加渗透能力约 450m³/d，新增场次调蓄能力约 140m³，满足 10 年一遇径流不外排（原方案径流系数 0.13），50 年一遇重现期条件下径流系数减少到 0.25（原方案为 0.39）。

在掌握地下设施和管线资料的前提下，辐射井施工对地表和地下的扰动较小，是一种高效的海绵调控技术，仅增加了浅层（10m 深度范围）入渗水量，是对原方案中调蓄坑塘径流调控能力的良好补充。

4.2　利用绿地坑塘调控城市径流

4.2.1　砂石坑雨洪利用

在冲洪积扇、古河道、山间盆地、平原区各河流及其支流的河床、河漫滩、心滩等地区，通常会由于人为开采砂石形成大小不等、深浅不同的砂石坑。北京市平原区单体面积 1000m² 以上、平均深度在 2m 以上的砂石坑总数曾经为 509 个，主要集中在西北部、东北部和西南部地区，这些砂石坑基本上处于无序管理状态。为解决低洼地区的雨水排放问题，同时充分发挥砂石坑调蓄雨洪、回补地下水、改善环境等多种功能，研究利用砂石坑调蓄下渗雨洪技术是非常必要的。

4.2.1.1 砂石坑雨洪利用技术原理

砂石坑雨洪利用技术原理如图 4.11 所示。

将季节性河道的雨水引入砂石坑，通过调蓄下渗雨洪水削减向下游排泄的雨洪峰值和水量。同时也可通过在砂石坑底或河底建设卵石渗井等设施，利用蓄、滞、渗的能力，充分发挥河网水系以及当地水文地质条件的联合调蓄雨洪、入渗雨洪作用，同时使排入下游的雨洪峰值和水量大大减小，保障下游的安全。

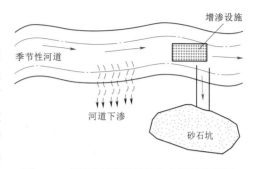

图 4.11 砂石坑雨洪利用技术原理示意图

4.2.1.2 砂石坑雨洪利用系统构成

砂石坑雨洪利用系统主要由河道、引水管（沟）、砂石坑、消能设施和增渗设施等构成（图 4.12）。可以通过引水管涵或引水沟，将河道的雨洪水引水入砂石坑。条件允许时也可以将市政管道接入砂石坑。引水管（涵）下游应设置消能设施，防止底部冲刷。可根据地质条件在河道或砂石坑底部建设增加渗透能力的设施。宜在各个进入砂石坑引水管和排出砂石坑的排水管上安装流量在线监测系统，实现监测场次降雨各进水口的流量过程，为防洪调度提供决策依据。

图 4.12 砂石坑雨洪利用系统的卵石渗井、进水口和进水入渗现场

4.2.1.3 应用案例与成效

西蓄工程控制八大处沟、北八排沟、琅黄沟等流域 27km² 的 100 年一遇洪水不下泄，确保中心城的防洪安全。西郊砂石坑蓄洪工作特点为"引、蓄、渗、排"。"引"指通过东水西调出口节制闸、杏石口节制闸、阜石路砂石坑分洪闸、西黄村砂石坑分洪闸，四闸联动调控水流，并通过暗涵引入砂石坑；通过琅璜、北八、古八、老山 4 条排水沟将周边雨洪引入砂石坑。"蓄"指汛期通过阜石路砂石坑、西黄村砂石坑蓄滞周边 27km² 区域内雨洪；非汛期留蓄南水。"渗"指在坑内不同位置通过不同级配设置两种型号共 10 眼渗井，设计渗流量为每眼渗井 0.1m³/s。"排"指通过退水闸及暗渠，将超高程雨洪回排至永引渠（图 4.13）。

2016 年以来，西郊雨洪调蓄工程累计调率利用雨洪 1703.48 万 m³，其中 2016 年、2017 年、2018 年、2019 年、2020 年、2021 年、2022 年分别为 749.00 万 m³、79.70 万 m³、175.76 万 m³、40.00 万 m³、193.77 万 m³、359.78 万 m³、105.47 万 m³。工程成

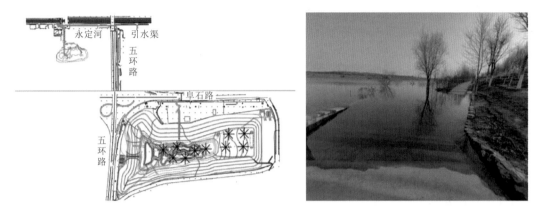

图 4.13 西蓄工程位置与砂石坑效果图

功应对了 2016 年 7 月 20 日、2017 年 6 月 22 日、2018 年 7 月 16 日、2021 年 8 月 13 日暴雨洪水过程，保障了中心城区的防洪涝安全，具有良好的社会和生态效益。

4.2.2 沿河公共绿地滞蓄利用雨洪

绿地自身较好的透水能力可以入渗消纳降雨，减少产流，达到雨水利用的目的。可以利用绿地的下渗条件，建设雨洪调蓄利用设施，引蓄河道的暴雨洪水，入渗回补地下，涵养本地水资源，减轻下游河道的防洪压力。以靛厂公共绿地为例介绍绿地滞蓄利用雨洪技术。

靛厂公共绿地位于丰台区水衙沟西四环至万寿路南延路段南岸、原靛厂村村落住宅范围，总面积 40hm²，现状为待拆迁的居民住宅和绿地混合用地，属丰台区靛厂村土地产权。地势为西高东底，较平坦，高程在 48.63～52.62m。穿过绿地北侧的水衙沟属莲花河支流，在丰台区境内全长 7.4km，流域面积 13.76km²。工程所在地上游的水衙沟流域面积约 12.5km²。

4.2.2.1 靛厂公共绿地滞蓄利用雨洪技术原理

在绿地内建设蓄渗洪区以调节汛期雨洪，并适当修建增渗设施提高入渗能力。同时，水面还应形成一定的景观，为周围居民提供良好环境。靛厂公共绿地滞蓄利用河道雨洪水技术流程如图 4.14 所示。

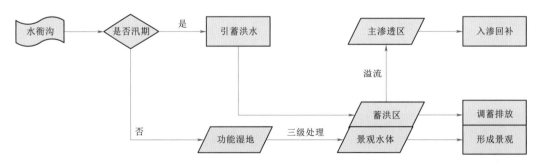

图 4.14 靛厂公共绿地滞蓄利用河道雨洪技术流程图

在汛期，引蓄的暴雨洪水能够达到蓄洪水深，可以满足蓄渗洪区的环境用水；在非汛期，蓄渗洪区水位只需维持常水位运行即可，通过引水衙沟河道内的再生水作为蓄渗洪区的水源能够满足要求，该再生水为吴家村污水处理厂供给水衙沟的景观用水。

由于在发生小雨时，引入的河道初期雨水污染物浓度会比较高，而汛期入渗回补地下的雨洪将与再生水混合，因此需经一定程度的处理后，才可入渗回补地下。另一方面，公共绿地内蓄渗洪区将提供水上娱乐功能，因此为了保障下渗及娱乐水体的水质要求，必须对引入的河道水进行处理。根据场地条件和水源水质，采取湿地处理的方式处理非汛期和小雨情况下的河水。

非汛期，工程引入水衙沟河道内河水，经功能湿地处理后进入蓄洪区，必要的换水流量可经退水闸排入水衙沟。汛期雨洪经引用管道进入引洪渠，随着水面水位抬高，洪水进入主渗透区内下渗，主渗透区域下埋设增渗沟槽以提高入渗能力。

4.2.2.2 靛厂公共绿地滞蓄利用雨洪系统构成

靛厂公共绿地系统包含进水闸、引洪渠、蓄洪区、退水渠、退水闸、主渗透区、功能湿地等（图 4.15）。充分利用靛厂绿地的下渗条件，建设雨洪调蓄利用设施，引蓄水衙沟河道内的暴雨洪水，入渗回补地下，涵养本地水资源，并减轻下游河道的防洪压力。本工程主要包括蓄渗洪区调蓄系统、入渗回补系统、配套水工建筑物、湿地系统、监测系统等部分。

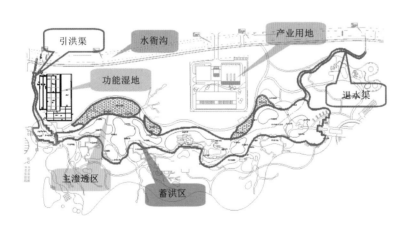

图 4.15 靛厂公共绿地滞蓄利用雨洪工程总体布置图

4.2.2.3 应用成效

靛厂公共绿地雨水利用工程建成后，配合公园绿化建设，可控制靛厂公共绿地公园 40hm² 面积内的雨水不产生外排径流，就地消纳，蓄渗洪区年可入渗自产雨水量约 2 万 m³，蓄渗洪区主渗透区按每年可启动 18 次计，每次最大可调蓄洪水 3.7 万 m³，其中 1.2 万 m³ 雨水能够入渗地下，年可调蓄洪水 66.6 万 m³，入渗引蓄洪水 21.5 万 m³。总体来看，项目区每年可引蓄入渗的水量合计 23.5 万 m³，为北京涵养了大量的水资源。

该工程不仅能够消纳自产雨水，还能够利用引蓄工程调节滞蓄水衙沟河道内汛期的洪水，通过各种雨洪利用设施将这些雨水滞留在本地，或入渗补给地下水，或蒸发调节小气候，年入渗补给总量在 23.5 万 m³ 左右。

该工程不仅在调蓄雨洪、涵养水源方面发挥作用，随着工程的投入运行，其发挥的社会效益也不可忽视，不仅能够为周围居民提供休闲娱乐的场所，大面积的景观水体和周围的芳草绿树也营造出了美丽宜人的环境，使居民在休闲娱乐的同时感受着雨水利用带来的巨大效益，使得雨水利用的理念更加深入人心。

4.3 合流制溢流污染控制

当前，合流制溢流污染已成为影响北京市汛期河道水环境质量的关键因素。2022 年，北京市大红门闸上监测断面汛期污染强度在上半年生态环境部公布的排名中位列第 43 位，控制溢流污染已迫在眉睫。合流制溢流（Combined Sewer Overflows，CSO）污水包含多种污染物，直接排入受纳水体会污染水体环境。2021 年北京市印发的《北京市城市积水内涝防治及溢流污染控制实施方案（2021 年—2025 年）》（京政办发〔2021〕6 号）提出"要加快推进本市城市积水内涝防治及溢流污染控制工作"，并明确了"到 2025 年，中心城区溢流口、跨越口在场次降雨小于 33 毫米时污水不入河"的工作目标。2022 年发布的《北京市全面打赢城乡水环境治理歼灭战三年行动方案（2023 年—2025 年）》也将控制溢流污染作为一项重要工作内容。

开展溢流污染研究应抓住关键问题。首先要通过开展系统全面的监测，摸清区域河流溢流污染特征；其次，结合区域特点及水质管理要求，制定合理的控制目标及指标；然后，基于数值模拟，根据设定目标，确定区域合理的调蓄池容量；最后，在此基础上开展治理方案的编制。以下针对合流制溢流污染控制中的关键环节进行具体介绍。

4.3.1 合流制系统溢流污染特征

通过实地现场踏勘调研，结合座谈，确定了中心城区四大流域合计重点合流制排水口 92 个，其中清河 12 处、坝河 42 处、通惠河 19 处、凉水河 19 处。选择其中 21 处典型排口进行水质与水量的联合监测（图 4.16、图 4.17），与此同时在河道内布设"水环境侦察兵"，掌握降雨前后河道水质变化情况。

4.3.1.1 溢流量特征

基于 2020 年清河流域重点排水口降雨溢流量监测数据（表 4.1），可知干流主要溢流口溢流水量与降雨量有关，降雨量大则溢流水量大。但受降雨区域、降雨时段以及降雨强度多种因素影响，溢流水量随降雨量变化的规律性不显著。

4.3.1.2 溢流水质特征

为了掌握溢流水质随降雨量和排水时间的变化过程，分析不同降雨条件下两处排水口溢流水质随降雨量和排水时间的变化过程的规律，如图 4.18 所示。

德昌桥左上口 COD 浓度在溢流 240min 后趋于稳定，日降雨量 29.5mm 和 42.8mm 的 COD 浓度分别为 195mg/L 和 140mg/L，降雨类型为暴雨及大暴雨时，COD 浓度约 110mg/L；氨氮在日降雨量为 29.5mm 时浓度约 4mg/L，日降雨量为 53.7mm 和 128mm 时，浓度约为 2mg/L 和 1mg/L；总磷在溢流 200min 时浓度基本稳定在 1.3mg/L。

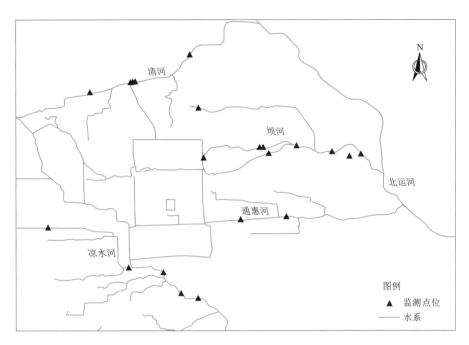

图 4.16 中心城区典型溢流口监测位置示意图

图 4.17 中心城区典型溢流口溢流过程监测图

表 4.1   2020 年清河流域重点排水口降雨溢流量监测数据   单位：万 m³

降雨日期	流域平均雨量 /mm	排水口溢流量					溢流总量
		树村闸 左下口	德昌桥 左上口	德昌桥 左下口	清缘里 小区口	外环跌水闸 右下口	
6 月 18 日	14.14	—	2.11	4.80	0.19	0.00	7.10
6 月 24 日	7.62	—	0.24	2.05	0.11	0.19	2.59
6 月 25 日	16.83	—	1.42	3.74	0.19	2.00	7.35
7 月 3 日	25.32	—	0.44	6.35	0.50	1.66	8.95
7 月 9 日	33.93	—	13.93	12.06	0.60	2.46	29.05

续表

降雨日期	流域平均雨量/mm	排水口溢流量					溢流总量
		树村闸左下口	德昌桥左上口	德昌桥左下口	清缘里小区口	外环跌水闸右下口	
7月17日	7.67	—	2.05	1.46	0.18	0.00	3.69
7月18日	2.92	—	0.55	0.02	0.00	0.00	0.57
7月31日	29.76	2.80	7.85	6.65	1.35	6.79	25.44
8月9日	41.90	6.79	4.36	4.00	1.16	15.01	31.32
8月12日	115.88	39.25	11.33	22.14	5.40	114.96	193.08
8月18日	26.37	8.92	3.74	8.55	0.48	4.22	25.91
8月23日	32.66	3.00	3.16	9.28	0.44	6.68	22.56

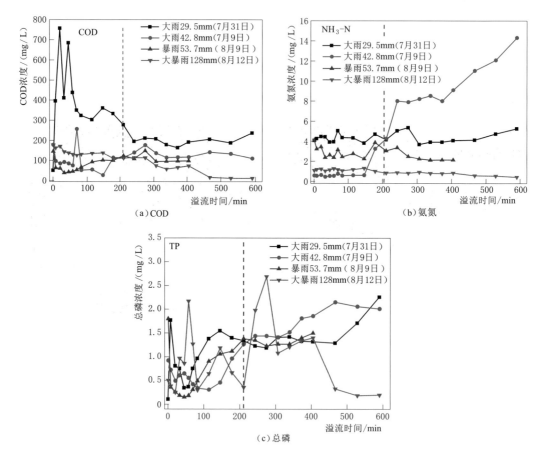

图4.18　德昌桥左上口在不同降雨类型时水质随溢流时间变化情况

德昌桥左下口在溢流200min时，日降雨量42.8mm及128mm的COD浓度水平基本相同为140mg/L。溢流约240min时氨氮浓度基本稳定，日降雨量29.5mm及42.8mm的氨氮浓度基本相同为4mg/L，日降雨量为128mm时，氨氮浓度更低，仅为1.5mg/L，达到Ⅳ类水质。总磷浓度在降雨类型为大暴雨时波动大，溢流约 210min 时，浓度基本稳定，日降雨量 29.5mm 时总磷稳定浓度为 1.3mg/L，36mm 和 42.8mm 降雨时总磷稳定浓度为 0.65mg/L（图 4.19）。

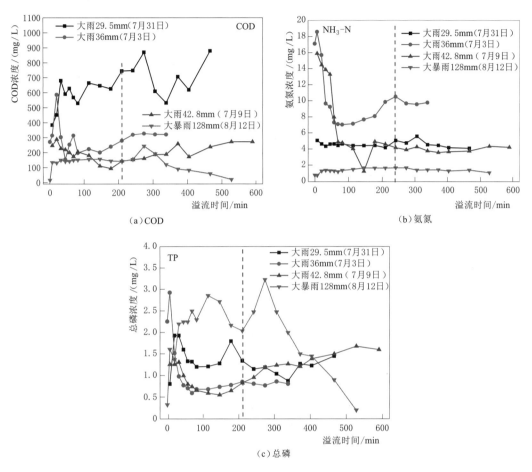

图 4.19　德昌桥左下口在不同降雨类型时水质随溢流时间变化情况

　　总体而言，2020 年汛期溢流排水口水质监测结果表明，部分溢流口初期效应明显，说明溢流口对应的管网内污水所占比重不大，表明管网服务范围内混接现象不显著。总体上，经过 200min 左右时间，各溢流口水质趋于稳定。

4.3.1.3　溢流对河道水质影响

　　为了分析降雨前后河道水质变化，掌握溢流污染对河道水质影响过程，选择在清河下段沈家坟闸断面安装"水环境侦察兵"水质实时监测设备，主要监测指标为 COD，2020 年 6—7 月沈家坟闸断面水质监测结果如图 4.20 所示。

　　2020 年 6 月 25 日中雨，流域平均降雨量 16.83mm，降雨前河水 COD 浓度约 20mg/L，降雨后污染物浓度快速升高，COD 浓度增加一倍，达到最大值 41mg/L，略高于地表水Ⅴ类，之后河道污染物浓度被大量再生水不断稀释，河水 COD 浓度不断降低，降雨后 5 天后，COD 浓度降至最小值 23mg/L，基本恢复到降雨前浓度。

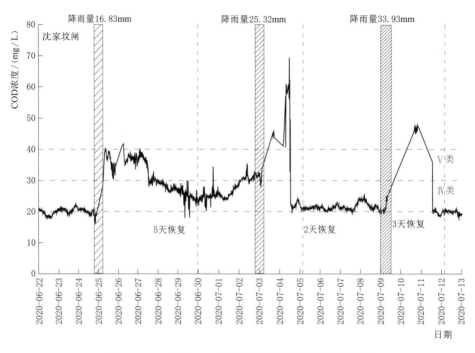

图 4.20　2020 年 6—7 月沈家坟闸断面水质监测结果

2020 年 7 月 3 日流域平均降雨量 25.32mm，降雨后 COD 浓度快速升高接近 3 倍，最大值约 70mg/L，远高于地表水 V 类；7 月 9 日降雨量 33.93mm，由于水环境"侦察兵"在降雨后的部分时段水质数据缺失，无法判断河道断面雨后 COD 浓度最大值，但降雨后水质明显变差，3 天内恢复降雨前水质。

降雨前后河道水质变化情况表明，在溢流污染和地表径流污染的共同作用下，河水污染物浓度先急速升高，之后随着雨污水污染物的减少和大量再生水的不断补充、稀释，河水污染物浓度不断降低，但是径流污染和溢流污染对河水水质影响会持续多日，清河通常会在 3～5 天内恢复至雨前浓度水平。

4.3.2　合流制溢流控制目标

4.3.2.1　国内外的控制目标概况

国外对合流制溢流控制目标的确定主要采用两种方法，一是采用实证法，即首先设定一个控制目标，待工程建设后根据监测效果不断调整；二是基于受纳水体水质管理目标，计算允许 CSO 排放的污染负荷进而确定控制目标。河道作为合流制排水系统末端，其水质变化体现了入河污染物的变化，因此后者更加科学也更加精细。但由于河道污染负荷来自多个方面，受限于数据精度及完整性，通常难以量化 CSO 负荷占比，同时 CSO 又是一个复杂的过程，受降雨、下垫面等诸多因素影响，存在极大的不确定性，因此基于此方法得出的控制目标以及基于此目标制定的治理方案在实践中表现不尽如人意，故国内外多用实证法确定 CSO 控制目标。

实现控制目标需要制定相关控制指标，一般包括基于技术的排放控制指标和基于受纳水体水质保障的控制指标两种。基于技术的排放控制指标包括溢流频次、溢流体积控制率、CSO 效率及稀释度等；基于受纳水体水质保障的控制指标包括常规污染物浓度、细菌标准及其他毒理指标等。基于技术的排放控制指标更通俗易懂，更易被管理者采纳，应用也最为广泛。

美国 CSO 长期控制规划多以年均溢流频次（4～6 次）、年溢流体积控制率（＞85%）及年均污染物去除率（以 TSS 计不低于 60%）作为主要控制指标。欧洲各国采用指标和标准不一，其中荷兰、比利时以溢流频次为控制指标，控制标准分别为 3～10 次和 7 次；英国则是以细菌浓度、氨和氧标准等为控制指标。

《海绵城市建设评价标准》（GB/T 51345—2018）是国内首部提出 CSO 控制要求的标准规范，控制目标是排口年溢流体积控制率均不应小于 50%，且处理设施 SS 排放浓度的月均值不大于 50mg/L。国内各城市在开展溢流污染控制工作中，多选择溢流频次或控制的设计降雨量作为控制指标。例如上海以控制 80% 的溢流污染负荷为控制目标；武汉黄孝河的治理以 CSO 年均溢流次数不超过 10 次为控制目标；通州国家海绵试点区同样以 CSO 年均溢流次数不超过 4 次作为控制目标。

4.3.2.2 场次降雨与溢流次数

1. 场次降雨概念及划分方法

对于某一确定的历史降雨序列，不同的降雨场次划分方法将得到不同的场次降雨特征识别结果。如何划分场次降雨，目前缺少统一标准。相关学者根据雨水设施的排空时间来划分降雨场次，如 6h、12h、24h 和 48h。从设计角度考虑，场次降雨量是计算溢流调蓄规模的依据，而调蓄规模一般又要考虑与末端污水处理厂的处理能力（降雨时调蓄，雨后送往污水处理厂处理）相匹配，故选择以 24h 作为划分标准。另外，以日为单位划分降雨场次，也便于与海绵城市年径流总量控制率（以多年日降雨量计算得出）指标相呼应，便于各项治水工作的统筹。

综上，将北京市合流制溢流污染控制目标中的场次降雨划分最小时间间隔确定为 24h。

2. 溢流次数概念

溢流次数即溢流事件发生的次数，一般降雨历时较长的情况下，一场降雨过程中合流制管网排口会出现多次溢流。虽然有学者提出采用溢流事件最小间隔时间（MIET）来划分溢流场次进而统计溢流次数。但此种方法计算较为复杂，就北京而言，统一规定 1 场降雨的溢流次数不超过 1 次，即溢流次数等于发生溢流的场次降雨数，采用降雨场次划分标准来统计溢流次数更便于管理和考核。

4.3.2.3 北京市的 CSO 控制目标

北京市 CSO 控制目标是采用国际惯用的实证法确定，对标了美国主要城市溢流频次控制标准，并衔接了海绵城市建设工作，便于规划与设计人员开展工作。其中场次降雨为控制指标，控制目标是 33mm。虽然当前 CSO 控制目标也可以表征控制效果，但从更好的支撑管理和决策角度，仍需进一步研究该控制目标下的预期控制效果及其他表征指标。

1. 控制目标与溢流次数的关系

以凉水河流域为研究区，收集流域内合计 7 个雨量站 2008—2017 年累积 10 年的逐分钟降雨数据；以 24h 为最小降雨间隔，划分降雨场次；最后统计逐场降雨的雨量并按照场次雨量由大到小排列，如图 4.21 所示。

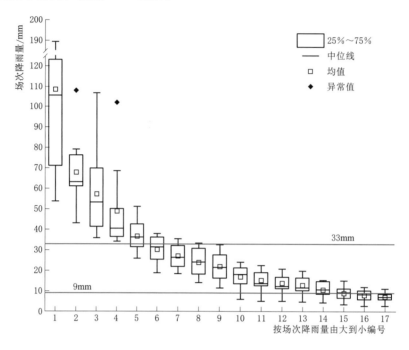

图 4.21   凉水河流域场次降雨量统计（2008—2017 年）

根据流域内"溢流发生的临界雨量 9~14mm"的监测结论，以 9mm 作为溢流发生的临界雨量，则可知现状年均溢流 15 次（图 4.21 中 9mm 以上的降雨场次即为其对应的溢流场次）。统计超过 33mm 雨量的降雨场次为 5 次。即对凉水河流域而言，按照控制目标实施治理，可实现年均溢流次数不超过 5 次，溢流频次较现状降低约 70%。

2. 控制目标与溢流体积的关系

在建立控制目标与溢流次数关系之后，可以统计每个溢流场次的溢流体积，进而分析得出控制目标与溢流体积的关系。经统计分析，与现状相比，按照控制目标实施治理后，可以削减约 60% 的溢流体积。

3. 溢流体积与溢流污染负荷的关系

依据典型合流制排口水量、水质同步监测数据，绘制溢流体积累积量占比与负荷累积量占比曲线即 $M(V)$ 曲线。由图 4.22 可知，合流制溢流的初期效应不明显，溢流水量与溢流污染负荷基本呈现线性正相关，且 COD、$NH_3 - N$、TP 三项水质指标变化趋势基本相似。

由上述分析可知，削减的溢流体积与削减的污染负荷相当，即控制目标可实现 60% 的溢流体积与污染负荷削减率。

4. 控制目标与海绵城市建设的关系

年径流总量控制率是海绵城市一项重要指标，一般以排水分区为计算单元，体现区域对径流的控制效果。北京中心城 33mm 降雨对应 85% 的径流总量控制率。因此对于合流

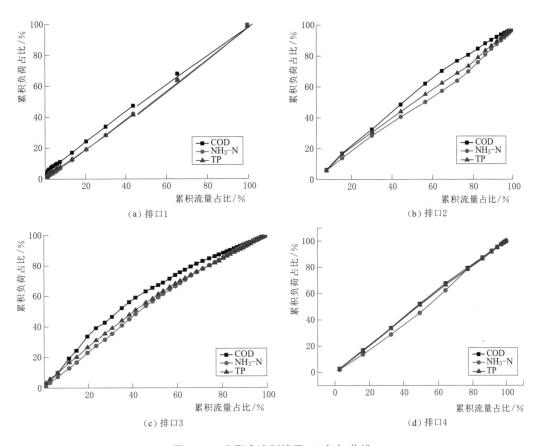

图 4.22 典型合流制排口 M（V）曲线

制排水体制的区域而言，实现 CSO 控制目标，也就意味着实现 85% 的年径流总量控制率。

综上分析，就凉水河流域而言，按照场次降雨 33mm 不溢流的溢流控制目标开展治理工作，可以实现如下的效果：排口年均溢流次数不超过 5 次，排口上游排水分区的年径流总量控制率达到 85%；与治理前相比，减少 70% 的溢流频次，削减 60% 的溢流体积和污染负荷。

4.3.3　基于数值模拟的合流制溢流调蓄池确定

4.3.3.1　技术原理

基于长序列、高精度数值模拟结果的合流制溢流调蓄规模确定方法，适用于城市排水系统合流制溢流调蓄池规模确定。一般需具备以下条件：①缺少长序列溢流监测数据；②具有长时间序列（5 年以上）、高精度（分辨率不低于 10min）的降雨资料；③管网资料齐全，包含合流制主干管信息（管道路由、尺寸；检查井井底及地面高程等信息）、截流设施信息（截流井信息、截流管管径及高程信息）；④区域下垫面（透水地面和不透水地面）、人口或生活污水本底流量等资料齐全。

本方法的主要步骤如下：

1. 数值模型构建

可利用 SWMM 开源软件或 InfoWorks ICM、MIKE 等商业软件搭建数值模型。模型搭建过程参照相关软件使用手册。模型搭建所需的数据包括但不限于管网数据（管道尺寸、上下游管底高程）、监测井数据（监测井尺寸、井底高程、井深）、下垫面数据、地面高程数据、污水排放数据等。

采用典型场次降雨监测数据对模型进行率定，确保模型精度满足要求。

2. 模型模拟

将长时间序列、高精度降雨数据输入模型，开始模拟工作，模型输出步长为 5min，输出要素包含溢流时间、溢流量及溢流持续时间。

3. 划分溢流场次、统计溢流量并建立两者关系

（1）根据实际情况，以 2h 内累计溢流量低于 $0.1m^3$ 作为场次划分标准。

（2）以年为单位，统计每年溢流次数（N）及每次溢流量（Q）。

（3）将每年的统计结果按照溢流量由大到小排列，建立溢流频次与溢流量关系（$N-Q$）。

4. 确定 CSO 调蓄池规模

（1）结合实际情况和管理需求，确定控制目标，即一年最多允许溢流的次数。

（2）根据溢流频次与溢流量关系，得出每一年的溢流控制量，$Q1$、$Q2$、$Q3$、$Q4$、$Q5$，取平均值 $\overline{Q}$ 即为调蓄池规模。

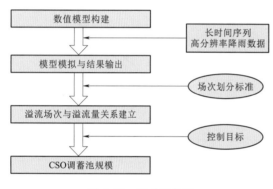

图 4.23 技术路线图

技术路线图如图 4.23 所示。

4.3.3.2 应用实效

选择北京国家海绵城市建设试点区内某一合流制排水分区进行研究，基于 SWMM 搭建排水数值模型（图 4.24）。根据项目区市政管线及建筑小区排口分布，划分排水分区，确定排水路径。利用 ArcGIS 软件，分别提取各排水分区面积、宽度等特征参数，基于项目区土地利用数据，计算出各排水分区不透水面积比（其中道路、建筑为不透水区域，绿地和裸地为透水区域）。基于项目区 DEM 数据，计算各排水分区的坡度；根据项目区管网数据及截污工程资料，搭建雨水管线、合流制管线、污水管线，设置溢流堰、截污管线等信息；设置蒸发、下渗等其他模型必须输入的参数。

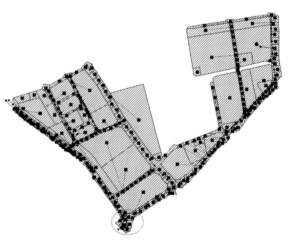

图 4.24 SWMM 模型概化示意图

输入 5 年（Y1～Y5）、5min 间隔的实测降雨数据进行模拟，模型模拟时长为 5 年，模型输出步长为 5min，模型输出参数包括流量、水位等信息。

划分溢流场次、统计溢流量并建立两者关系。溢流堰后节点的流量即为溢流量，以 2h 内累计溢流量低于 $0.1m^3$ 作为场次划分标准，并统计每次溢流量，然后将各溢流场次对应的溢流量按照从大到小的顺序排列，得到图 4.25。

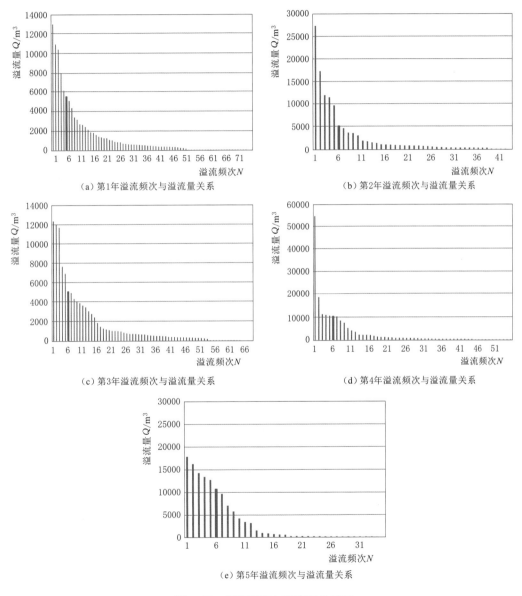

（a）第1年溢流频次与溢流量关系

（b）第2年溢流频次与溢流量关系

（c）第3年溢流频次与溢流量关系

（d）第4年溢流频次与溢流量关系

（e）第5年溢流频次与溢流量关系

图 4.25 溢流频次与溢流量关系图

确定 CSO 调蓄池规模取年允许溢流次数 6 次为溢流污染控制目标，则在图 4.25 中选择横坐标值为 6（溢流次数）对应的纵坐标值（溢流量，红色柱），即为调蓄池规模，第 1～第 5 年分别为 $5514m^3$、$5154m^3$、$5082m^3$、$10362m^3$、$10602m^3$，求其平均值为 $7343m^3$，即对应

CSO 调蓄池规模为 $7343m^3$。

4.3.4　合流制溢流污染控制方案编制的要点

4.3.4.1　合流制溢流污染控制的基本原则

合流制溢流污染控制方案的编制应遵循以下原则。

1. 系统思维

合流制溢流污染控制工程措施可以分为源头措施（以源头地块的海绵设施为主）、过程措施（包括分流改造、分散调蓄）和末端措施（入河前调蓄、入厂前调蓄等）。因此在编制方案时应充分发掘三类工程对溢流污染控制的贡献，按照系统治理的思路开展方案编制。此外，一些非工程措施如基于实时控制技术（RTC）的调控技术也可以起到减少溢流的效果，可以先行探索。

2. 实事求是

控制方案的编制必须遵循实事求是的原则，要在摸清区域基本情况及溢流现状的基础上才能开展。要从问题出发，明确控制目标以及对应的治理预期效果，充分论证工程规模的合理性，既不能因工程规模偏小达不到预期治理效果，也不能因工程规模过大造成资金浪费。

3. 因地制宜

各区降雨特点不同，下垫面情况不同，溢流污染特征也有所不同，因此合流制溢流治理需要结合当地实际情况，按照"一口一策"和"分步实施"的方式编制控制方案，且稳步推进工作，不能"一刀切"和理想化。

4.3.4.2　合流制溢流污染控制的主要内容

1. 编制思路

开展现状评价，找出问题及重点排口。结合现状监测与管线排查，区分排口对应排水分区内的排水体制，若是分流制排水体制则通过混错接治理措施解决溢流污染问题；若是合流制排水体制则首先要开展雨污分流可行性论证，若可行则进行分流改造；若短期内不可行，则需要按照系统思维，在治理标准的约束下，统筹源头措施、过程措施和末端措施，结合经济合理性和目标可达性论证确定合理方案。溢流污染控制方案编制技术路径如图 4.26 所示。

2. 编制方案

（1）项目区概况。以排水分区为单元，梳理并介绍区内降雨特征、土地利用、源头海绵城市建设、排水管网、混错接、分流改造等基本情况。

（2）控制目标及指标。《北京市城市积水内涝防治及溢流污染控制实施方案（2021 年—2025 年）》中对中心城区溢流口、跨越口确定的控制目标为"在场次降雨小于 33mm 时污水不入河"。各区可以参照此目标，也可以结合本区降雨特点、受纳水体水环境容量等实际情况，确定控制目标及对应的指标。

（3）工程方案。工程方案的制定应遵循系统思维，充分考虑源头海绵城市建设对径流的削减效果，且充分考虑过程分散调蓄以及雨污分流改造的可行性，在此基础上分解源头、过程和末端措施的规模，不能仅仅依靠末端调蓄。工程方案中应有不同方案的优化比选，同时需考虑工程运行及后续建成后的效果监测。

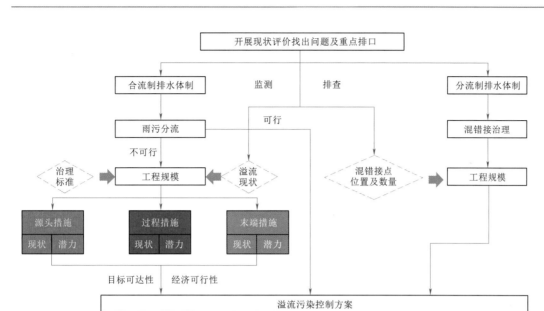

图 4.26 溢流污染控制方案编制技术路径

第 5 章

城市水体水质改善与生态提升

生态文明思想是新时代中国特色社会主义思想的重要组成部分，人与自然是生命共同体，推进人水和谐共生关系是生态文明建设的重要实践。城市水生态环境是人与自然相连接的重要纽带，提升城市水生态系统多样性、稳定性、持续性是生态文明建设中的重要任务，其中水体水质改善、河湖运行维护管控、水生态系统构建是关键举措。水质改善技术的应用是水生态提升的基础，对水体内源淤积、水生植物为主的管控是水生态稳定的保障。而针对水生态系统不健全、不稳定的水体，在水生态监测的基础上进行问题识别与评估评价，依靠生态系统自我调节能力和恢复能力，辅以人工措施，开展水生态系统关键环节的构建与修复，有助于城市水环境保障与水生态系统提升的系统推进。

5.1 水体水质改善实用技术

长期以来北京城区河湖水系经过一系列人工活动已逐渐演变成一个人工系统，其特点是闸坝众多、水资源短缺、连通性差、承受外部负荷的能力较差，这也是早期北京城区河湖水体富营养化、水华爆发、水环境恶化的重要原因之一。通过水体水质改善技术，改善北京城市水环境尤其是市区河湖重点部位的中心区水环境质量，对首都社会经济的长远发展极为重要。本节重点介绍曝气、推流、物理吸附、接触氧化等物理、化学、生物、综合类水质改善实用技术。

5.1.1 物化类技术

5.1.1.1 曝气技术

1. 技术原理

曝气技术作为单一或辅助的水处理措施，已广泛应用于污水处理厂处理工艺中，并逐渐应用在河湖水库的水质改善等方面。曝气的作用是增加水体中的溶解氧，使溶解氧与水体充分混合，供应微生物呼吸之需，使其生长繁殖，从而达到净化水体的目的。运行中的曝气设备见图 5.1。

曝气技术的主要特点是能在较短的时间内明显提高水体中溶解氧含量，缺点是需要

图 5.1 运行中的曝气设备

一定的能耗，该技术适用于溶解氧含量较低的封闭或缓流水体。曝气设备可分为鼓风曝气、机械曝气及射流曝气等，目前在河湖水库中用得较多的是机械曝气。机械曝气主要是利用安装在水面上、下的叶轮高速转动，剧烈地搅动水面，产生水跃，液面与空气接触的表面不断更新，使空气中的氧气不断转移到水体中去。

2. 技术参数

曝气技术能迅速提高水体溶解氧含量，对水体中的有机物、氨氮的去除效果在 50% 以上。衡量曝气设备效率的指标主要有充氧效率（单位时间内向水体中的充氧量）与动力效率（单位电耗向水体的充氧量），河湖水库富营养化水体曝气设备动力效率宜在 $2.0 kgO_2/(kW \cdot h)$ 以上。

曝气设备在运行过程中应每日测定水体溶解氧含量，根据水体流量、原水溶解氧含量及曝气设备的技术指标确定曝气时间。

3. 应用案例

北护城河松林闸上游安装了曝气设备。河道宽 23.5～24.0m，水面宽约 20m，水深约 3.8m；考虑曝气设备性能和水体缺氧状况确定曝气机串联布置在河道中心轴线上，间距 30m。现场应用 4 台 Aire-O$_2$ 型浮筒式曝气机；由于水体较深，曝气机按照充氧逆水流方向安装，根据水位调节钢丝绳以确保曝气机最佳入水深度。

运行后的监测结果看，2 台曝气机充氧，曝气段及曝气后 DO 大部分时间能够达到 4mg/L。水质监测效果表明，曝气前来水 COD$_{Cr}$ 浓度为 22.5mg/L，曝气后闸前出水 COD$_{Cr}$ 浓度为 5mg/L，去除率 77.8%，表明当水体保持一定水力停留时间，曝气具有降低 COD$_{Cr}$ 的功效。

5.1.1.2 推流技术

1. 技术原理

强化水体流动技术主要通过水下推流设备的运行，人工增加水体的流动性，保持水体处于流动的紊流区，增加水体溶解氧，抑制藻细胞生长速率，防治水华发生，其原理示意图如图 5.2 所示。

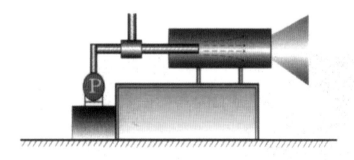

图 5.2 强化水体流动技术原理示意图

利用水下推流设备，强化水体的循环流动，从而改善水体（尤其是长时间静止的水体）水质，由于推流设备可全部淹没在水中，不影响景观。推流技术近年来在国内外发展很快，并广泛应用于内湖和浅海治理赤潮、水藻的研究与工程实践中，泰国、日本等国家已经有一些成功的工程实践。

2. 技术参数

强化水体流动技术具有以下特点：安全可靠，对水体不会造成二次污染；设备水下运行，不产生噪声，不影响水体景观；日常维护简便。主要缺点是需消耗一定的能量。

推流技术主要适用于相对封闭的水域，水深以 1.5～2.5m 为宜，使不流动、营养程度逐年加深、藻类繁殖、底泥堆积、有异味的水体实现循环流动。

强化水体流动技术在运行维护时需进行必要的例行巡视，对于推流设备以下的淤泥与水草应及时清理与收割，同时应保证运行水位与设计水位一致。

3. 应用案例

水下推流设备的主要作用是使蓝藻的生长受到环境性抑制，在故宫博物院筒子河实施。现场应用研究区布置在筒子河西华门和东华门之间的河段上，共安装 26 台潜水推流器，其中西北筒子河布置 16 台，东北筒子河布置 10 台。推流器布置在河道中心线上，每两台之间间距 50m。

根据现场应用研究的运行结果，推流器正前方 5m 左右，水体自身无流速时单靠推流器作用流速可达 0.05m/s 左右，水面上没有发现明显的藻细胞聚集；经过一段时间运行后，叶绿素 a 含量有所下降。

5.1.1.3 物理吸附技术

1. 技术原理

物理吸附技术主要是利用多孔性的固体物质使水体中的一种或多种物质被吸附在固体表面而去除的方法。物理吸附是吸附的一种，主要通过物体间的分子力起作用，不发生化学作用，在低温或常温下就能进行。

2. 技术参数

物理吸附的主要优点是不需要消耗外界能量，操作简单，运行维护方便；缺点是吸附材料在吸附一定量的污染物质后容易饱和。此方法适用于有机物与氨氮浓度较高（BOD 与 NH_3-N 浓度值为 Ⅳ 类水体阈值以下）的封闭或缓流水体。

在河湖水库富营养化防治中应用较多的是活性炭吸附与沸石吸附，如图 5.3 所示。活性炭是用含炭为主的物质（如木材、煤）作为原料，经高温炭化和活化而制成的疏水性吸

图 5.3 物理吸附技术

附剂，其比表面积可达 $500 \sim 1700 \, \text{m}^2/\text{g}$，主要吸附对象是水体中的氮磷或有机物。天然沸石在自然界广为存在，对水体中的氨氮具有较强的吸附作用，经过改性处理后的沸石的吸附能力还可进一步加强。

3. 应用案例

北护城河松林闸上游采用了沸石吸附技术。

物理吸附作用的去除对象主要是有机物、无机氮，对于封闭的微污染水体的去除率在 40% 以上，同时对水体中的铁、锰、砷、硫酸盐也具有一定的吸附效果。由于吸附剂具有一定的饱和容量，因此在物理吸附后期需对吸附介质进行置换，或通过特定的办法使吸附剂再生。

5.1.1.4 柔性生物载体生物接触氧化技术

1. 技术原理

生物接触氧化法的核心部分为生物填料，它是生物膜的载体，污水净化过程就是附着于填料之上以及悬浮于填料之间的微生物的新陈代谢过程。生物填料的材质、比表面积的大小、布水布气性能、强度、密度和造价等因素，直接影响着微生物的生长、繁殖、活性和脱落过程，其效能与污水处理的效率、能耗、基建投资、稳定性及可靠性均有直接关系。

2. 技术参数

人工水草相当于一个生物载体，它为微生物提供生存的环境。当受污染水体通过生物载体时，水中的污染物被生物膜上的微生物所摄取、降解，使污染水体得到净化。从影响因素试验来看，温度、溶解氧、停留时间对微污染河流中污染物质的去除具有一定的影响，温度在 25℃、溶解氧在 $2 \sim 4 \, \text{mg/L}$、停留时间为 $3 \sim 4 \, \text{h}$ 效果最佳。

通过与块状填料、陶粒、阿科蔓填料的对比研究可知，人工水草水质净化效果基本与陶粒相当，对 TP 和 UV_{254} 的净化效果要好于陶粒。人工水草对浊度、COD_{Cr}、TP、氨氮、TN、叶绿素 a 和 UV_{254} 的去除率分别在 85%、43%、65%、89%、25%、85%、50%。此外，与现有类似类型填料相比，人工水草布置安装更加方便，在水中应用形式更加灵活，且不会影响行船和行洪，非常适合于城市河湖水体应用。

3. 应用案例

西海是六海湖群的第一个湖泊，也是城中心河湖的进水湖，其主要水质特点为有机污染相对严重，采用人工草生物接触氧化等技术对西海水质进行净化，减轻后海与前海污染负荷。

人工草生物载体为柔性条状，在水中悬浮，随水摇摆，不影响行船和行洪。考虑到要使人工草全部淹没于水下，确定将人工草放置在水底，布置间距 40cm。共设计 14 个单组，分为 3 排；生物载体覆盖水面长 128m，宽 74m，面积为 $9472 \, \text{m}^2$。选用潜水型推流曝气机，进行循环增氧，同时还具有推流作用；曝气机采用沉水安装，在平面布置上位于生物载体单组的上游 5m 处，在桩东侧临桩布置，支架底部用绳子拴结固定于桩上。

技术应用对 SS 和浊度去除效果最好，平均去除率分别为 81.4%、78.0%；对 COD、TP 去除效果较好，且去除效果稳定；COD_{Mn}、COD_{Cr}、TP 的平均去除率分别为 48.2%、33.8%、55.4%。

5.1.1.5 化学杀藻灭藻技术

1. 技术原理

用化学药剂（称杀藻剂）灭活藻类，这是最简便的解决方法，主要是通过化学药剂氧化藻细胞中叶绿素 a，或扩散进藻细胞内部破坏细胞器官机能达到强效灭杀作用。

化学杀藻的操作简单，见效迅速，可在 1 天甚至数小时内使水体感官效果得到明显改善；但如果藻细胞被杀死后，不采取其他措施，营养物质将重新释放进入水体，使水体恢复原有营养状态，只要温度、光照等条件适合，藻细胞将再一次出现。此外对大型水体来说，使用杀藻剂的工作量大，费用较高，效果可能难以保证；特别是一些药剂在发生化学反应过程中会产生副产品，或其本身就有一定的毒副作用，对水体造成二次污染；有些杀藻剂短期内没有不良表现，但可能因在水生生物体内富集、残留而存在远期危害。此技术适合缓流封闭水体的蓝藻大量爆发后的堆集区，可在有限水域范围内短时使用，尽量减少和控制其毒副作用对湖泊的不利影响。

目前已合成和筛选出的杀藻剂有：松香胺类、三连氮衍生物、有机酸、醛、酮以及季胺化合物等有机物，以及铜盐（硫酸铜、氧化铜）、高锰酸钾、磷的沉淀剂（Fe^{2+}、Fe^{3+}等）、O_3、活性溴、稳定性二氧化氯、氯气等无机物。无毒、高效、经济的杀藻剂的开发仍处于探索发展之中。

2. 技术参数

化学灭藻剂对蓝藻有较强的杀灭作用，藻类去除率可达到 90% 以上，药剂选择应根据药剂处理效果、毒副作用、药剂价格及可操作性等方面综合考虑。通常采用化学杀藻技术只需一条小船和简单的防护措施，投加药量应根据厂家说明，切忌随意投加。

化学杀藻只能起到治标的作用，且难以从根本上改善水体质量，仅应用于早期河湖富营养化治理工作中，作为辅助或应急措施。而在当下生态可持续发展和河湖水环境整体提升的背景下，该技术在北京市城市河湖水生态修复工作中应严禁使用。

5.1.2 生物操控技术

5.1.2.1 技术原理

氮、磷过量积累是导致湖泊富营养化的根本原因，而蓝藻暴发是富营养化湖泊的普遍现象，只有控制了氮磷排放或去除了水体中过量氮磷才是治理湖泊富营养化的关键。生物操纵技术的核心内容是利用浮游动物控制藻类。国外科学家较早把内陆水体研究重点从内陆水体生物生产力的开发转移到水环境保护。生物操纵的主要原理是通过调整鱼类群落结构，保护和发展大型牧食性浮游动物，从而控制藻类的过量繁殖，也可以理解为发挥浮游动物的生态功能控制藻类。再生水补水型景观水体的水质难以维持稳定，根据城市副中心河道水深特点，提出了适宜的水生动植物组合，构建水生动植物投配高效生态净水系统。生态系统通过沉水植物、吃藻鱼类以及贝类或软体动物等生物，形成高覆盖的微生物富集环境，为微生物的繁衍、生存提供了合适的生态环境。通过动植物的多样化，使得景观性加强，生物链完整，水体自净能力进一步提升，促进了水体生态恢复平衡。

5.1.2.2 操控技术组合

对河道富藻区水生食物网进行生物操纵，达到改善水质、维持生态稳定、增加生物多样性的效果。根据河道特点，该技术参数包括：①水生植物，驯养后的金鱼藻，用自来水反复清洗，再用去离子水清洗、控水后将水生植物移植（加重物使之沉于水底），投加量为 20 株/m² （350g 左右）；②鲢鱼：鱼苗，投加量为（250g±25g）/m²；③椭圆背角无齿蚌：投加量为 700g/m² 左右。

不同沉水植物对水中的光线影响效果不同。图 5.4 显示了枯草、金鱼藻和狐尾藻的快速光曲线和量子产量特征。rETR$_m$ 为最大相对电子传递速率；金鱼藻对光能的利用能力强于其他两种沉水植物；沉水植物的 PSⅡ （光能转化效率）最大量子产量 F_v/F_m：苦草为 0.484、金鱼藻为 0.691、狐尾藻为 0.654；PSⅡ 有效量子产量 F_v'/F_m'：苦草为 0.389、金鱼藻为 0.655、狐尾藻为 0.53。金鱼藻对光能转化效率强于其他两种沉水植物。再生水中投加沉水植物金鱼藻，能够较好维护水体的水质稳定，主要水质指标 TN、TP、NH₃-N、COD 均能保持在北京市现有城镇污水处理厂排放限值一级 A 标准规定浓度以下，NH₃-N 和 COD 浓度能够达到地表水Ⅳ类标准，同时，金鱼藻还对 Chla 有较好控制作用。

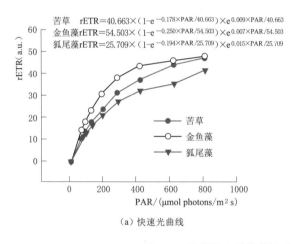

（a）快速光曲线

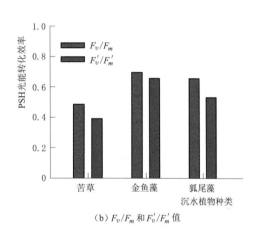

（b）F_v/F_m 和 F_v'/F_m' 值

图 5.4　不同沉水植物的快速光曲线与量子产量特征

金鱼藻的投加，能够较好维护再生水水质，并抑制再生水水体浮游植物的生长，防止水体出现富营养化现象，与鲢鱼和椭圆背角无齿蚌组合使用，能够完善生态链，促进生态平衡。

金鱼藻、鲢鱼和椭圆背角无齿蚌的组合配置，对再生水体的生态环境，具有较好的维护效果，并形成了稳定的微型生态系统。金鱼藻对光能的利用效率较高，能较快适应再生水环境，配合鲢鱼和椭圆背角无齿蚌，能有效维持再生水水体的透明度、浊度、藻密度以及浮游植物数量等指标，使其处于稳定状态。金鱼藻、鲢鱼和椭圆背角无齿蚌组合使用，针对北京地区再生水补水型城市河湖的生态修复工程，具有应用价值。

5.1.2.3　应用案例

该技术部分应用于城市河道萧太后河流域，共建设 10km 河道水生态修复工程，建设面积 2000m²。主要水质指标 TN、TP、NH₃-N、COD 均能保持在北京市现有城镇污水处理厂排放限值一级 A 标准规定浓度以下，NH₃-N 和 COD 浓度能够达到地表水Ⅳ类标准，同时，金鱼藻还对 Chla 有较好控制作用，配合鲢鱼和椭圆背角无齿蚌，能有效维持再生水水体的透明度、浊度等指标，使其处于稳定状态。已完成的生态修复工程至今清澈见底，水草、游鱼清晰可见，无藻华爆发。

5.1.3 综合类技术

5.1.3.1 潜流湿地＋生物塘净化技术

1. 技术原理

再生水补给景观生态用水可能存在以下问题：再生水的水质无法满足河道水体功能要求，河道水体缺少流动，新蓄水河道的水生态系统结构短期内不完整，发生河道富营养化。随着这些问题越来越得到重视，人工湿地和生物塘等保持水体稳定的措施也得到越来越多的研究。人工湿地工艺不仅具有良好的低污染水体深度净化能力，而且生态景观效益显著，成为河湖生态修复及水资源保护的重要手段之一，生物塘则主要依靠自然生物净化功能使水体得到净化。

针对再生水补水河湖水体，根据人工湿地和生物塘的运行机理和特点，进行生物塘-人工湿地-生物塘串联，根据响应面法探究不同运行参数对人工湿地运行效果的影响，确定最优参数，考察该系统对水体的维护保持效果，如图 5.5 所示。人工湿地主要依靠植物-基质-微生物复合生态系统的物理、化学和微生物作用实现对水体的高效净化，使波形流取代原有的水平和垂直流态，使水能在垂直方向多次流过湿地内部具有不同处理特性的填料层，其将水平潜流和垂直潜流人工湿地的优点集于一身，能达到更强的处理效果。

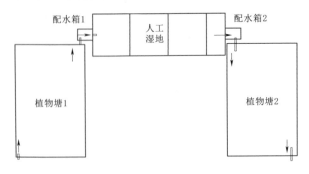

图 5.5 潜流湿地＋生物塘技术流程图

2. 技术参数

如图 5.5 所示，设置为植物塘 1—人工湿地—植物塘 2 形式，再生水通过蠕动泵进入植物塘 1，通过控制蠕动泵流量大小调整水力停留时间；经过植物塘 1 后进入配水箱 1，通过调整配水箱高度控制跌水高度进入人工湿地进水区，在人工湿地中由于挡板的作用形成波式潜流；之后水从出水区通过溢流进入配水箱 2，再用蠕动泵将水打入植物塘 2，最后植物塘 2 溢流出水。两个蠕动泵的流量相同。

植物塘 1 在底下均匀铺设 15cm 植物土，分为两个区域种植金鱼藻和篦齿眼子菜两种沉水植物，沉水植物种植密度为 10 丛/m²。有效水深 1.2m，有效体积 8.46m³。布水方式为下进上出。植物塘 1 除了本身生物净化功能外，也起到人工湿地预处理的效果，种植沉水植物，对增加水体溶解氧有良好的效果，可提高人工湿地溶解氧浓度，加强人工湿地去除 N 的效果。

人工湿地尺寸为 3.5m×1.5m×1m。在水平潜流人工湿地的基础上，在内部加了几块有规则的隔板，使水在其中呈波式流态。从下往上分别填充 20cm 粗碎石、25cm 生物陶粒、25cm 火山石、10cm 植物砂，有效体积 $V×\varepsilon=2.36$（m³）。种植水葱，间隔种植少量黄花鸢尾。其中，挺水植物种植密度为 $12\sim16$ 丛$/m^2$。

植物塘 2 在底面中间 50cm 均匀铺设 15cm 植物土，在两侧往上铺设碎石和植物土以方便种植挺水植物，边坡坡度 30°。两边浅水区种植蒲草、芦苇两种挺水植物，中间深水区种植金鱼藻、篦齿眼子菜两种沉水植物，增加植物种类的多样性，更有利于形成一个稳定的生态系统，并利用芦苇等植物的克藻作用，抑制藻类的生长。

3. 应用成效

以植物塘-人工湿地-植物塘串联的形式作为组合，对再生水体进行处理，结果表明，该组合对再生水体保持效果良好，能够维护水质稳定并有效去除 N、P 等营养物质。

根据响应面法得出人工湿地水力停留时间（HRT）和跌水高度分别为 33.85h 和 30cm 时对水体营养物质去除效果达到最佳，此时总氮去除率达 17.11%，氨氮去除率为 21.80%，COD 去除率为 13.26%，见图 5.6。从重要指标氨氮沿程变化及响应值的等高线和响应面图可以看出，经过再生水厂的 $A^2/O+MBR$ 工艺处理后，氨氮浓度基本保持在 0.15 以下，氨氮浓度在经过两个植物塘后变化均保持在 10% 以内，水力停留时间和跌水高度对氨氮的去除起到重要的作用；根据响应面和回归方程预测出氨氮的去除率在本试验的因素水平中当跌水高度为 9.19cm，水力停留时间为 24.23h 时达到最大值，最大去除率为 49.72%。

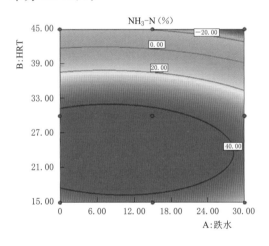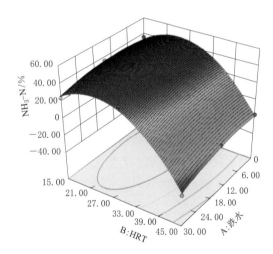

图 5.6　以 NH_3-N 为响应值的等高线和响应面图

系统对水体保持效果稳定，氨氮（NH_3-N）、总磷（TP）、化学需氧量（COD）、溶解氧（DO）等指标均稳定保持在地表水 Ⅳ 类以上。其中，TN、NO_3-N、COD 在水力停留时间为 12 天时去除率最高，分别可达 46.59%、46.78%、30.11%；TP 在不同水力停留时间去除率均较高，可达 76.09%。

该组合技术针对北京地区再生水补水河湖的特点效果较好，具有应用价值。

5.1.3.2　河道表流湿地技术

河道具有行洪、生态等多重功能，河道表流湿地建设应考虑防洪影响、水资源条件、水环境状况、水生态保护、自然生态景观等多方面技术要求，保障河流系统的完整性、协调性和健康性。

1. 技术原理

首先对受损河槽进行基质改良，以调整其渗透性。具体做法是借鉴天然河槽基质结构组成及其形成机理，模拟天然河道致密基质结构特征，采用膨润土、壤土、现状河床基质等纯天然材质，通过人工辅助措施，改善受损强渗漏河槽基质结构，修复河槽自然特性。

然后通过表流湿地的植物、微生物、基质之间的协同作用完成过滤、沉淀、吸附、吸收、降解等水质净化过程。植物的作用主要是吸收、固定、转化、代谢，湿地微生物的主要作用是分解、利用，基质的主要作用是吸附、转化，这些作用互相关联影响着最终的净化效果。其中微生物的活动是水体中有机物降解、氮素转化的主要机制，物理化学作用是水体中磷元素削减的主要机制。

2. 技术参数

河道表流湿地建设首先需保障河道行洪安全，不降低行洪标准，在此前提下，尽量结合河流空间，改善河道水质，提升河流生态功能。

（1）受损河槽基质改良技术参数：根据当地水资源量、河槽受损渗漏程度、项目区生态需水等条件进行水资源平衡计算，确定适宜的入渗速率，进而明确受损河槽基质改良材料配比、施工工艺、控制指标、工程造价，需进行现场小区实验，再推广实施，一般应控制渗透系数达到 $1\sim5\times10^{-5}$ cm/s。

（2）表流湿地水质改善技术参数：表流湿地水质改善主要依靠植物根茎与表层土壤的拦截作用以及根茎上生成的生物膜的降解作用，使受污染水体得以净化。对于受污染来水，河道表流湿地底部一般须设置减渗层，防止有害物质渗漏对地下水造成的潜在危害，重污染水流禁止直接排入河道。河道表流湿地设计应结合现状及历史地形地貌，进行功能分区，结合行洪主流区、深水区、浅滩区、岸滨带分区设定水质改善工艺，行洪主流区避免植物种植，以自然植被恢复、自然复氧为主，深水区以生态塘工艺为主，浅水、边滩区以挺水植物表流湿地工艺为主；浅水区和深水区一般交替布设，有利于水体复氧和增加停留时间，提高净化效果。表流湿地水质净化要求水力停留时间不小于 1 周，一般以 2~4 周为宜。

3. 应用案例——王平河道湿地修复示范工程项目简介

王平河道湿地修复示范工程位于北京市门头沟区王平镇，为落坡岭水库下游的永定河主河道，受水力发电导流影响，项目区河段常年干涸，受采砂、排污、堆煤、耕种等破坏严重。工程针对河道脏、乱、黑、渗漏重等问题，本着"开源、节流、治污并重""人、水、自然和谐互惠""注重河道生态健康"的理念，充分利用有限的再生水、矿山废水资源和干涸破损河道空间，在不降低现状河道行洪安全前提下，综合考虑生态修复、景观效果、技术示范及科普教育，采用水质净化、雨洪滞蓄利用、基质改良、自然河道形态重塑、湿地植物多样性恢复、野生动物生存环境构建、生态护岸、鱼道建设、景观配置等一系列工程及生物生态技术手段，并充分结合现状地形地物条件，力求达到恢复河流生态系统功能健康，形成具有生境多样、生物群落复杂、生物链完善、系统稳定、能自我组织和自我协调的良性循环系统，同时兼顾景观和新技术应用，融生态修复、景观旅游、技术展示、科普教育于一体的河道湿地生态修复技术示范的目的。

示范工程完成建设内容有：基质改良 8.5hm², 修复河道湿地 12.4hm², 建设壅水溢流堰 4 座、鱼道 3 座、沉砂渗滤池一座、人工湿地一处、生态护岸 700m 含 7 种岸坡防护模式、亲水平台 3 处、滨水步道长 700m、种植荷花睡莲 5700m²、滨水植物 2.1hm²。项目建设形成面积 15hm²、长 1050m。

工程采用了卵砾石河槽基质改良技术，充分利用河床砂砾料、壤土等当地天然材料，适当添加膨润土，模拟天然河道减渗结构，渗透系数达到 1×10^{-5} cm/s。通过河槽基质改良净化了入渗水水质，有效保护了地下水不受污染，同时避免了异质人工防渗材料对天然河道生态的破坏，具有生态、环保、自然、经济、地下水保护等诸多优点。工程建设拟自然减渗区 8.5hm²，实现蓄水面积 11hm²。

工程转变传统河道治理思路，以河道生态健康、人水自然和谐共处理念为指导，修复河道表流湿地 12.4hm²。研发了卵石枝条护岸、连排桩树篱护岸、植被铅丝笼护坡、枝条栅栏护岸、植被卵砾石护岸、半干砌石植被护岸、卵砾石草皮护坡、驳石护岸共 8 种新型生态护岸模式；结合小型壅水溢流坝建设研发了 3 种鱼道形式，有效保护了河道纵向连续性，其中横向鱼道与溢流坝的有机结合，既减少了占地，又美化了溢流坝形态，具有巨大的推广应用价值；利用卵砾石建设水中生态岛，为水生生物提供了良好的栖息和避难空间。

工程从 2006 年建成以来一直运行良好，并经受多次洪水考验，建设区已经形成生境多样、物种丰富、系统稳定的良性循环系统，出现黑鳍鳡等北京市二级水生野生动物，景观效果也十分明显，已经成为门头沟区的一个亮点工程，得到社会各界的好评。该项目被纳入由科技部授予的门头沟区"国家生态修复科技综合示范基地"河道湿地生态修复示范工程。并于 2007 年 5 月 28 日作为由全国人大环境与资源保护委员会、国家科技部等部门主办的 2007 北京生态修复国际研讨会的现场考察点接待了来自美国、德国、芬兰等十几个国家及国内的生态修复专家专家学者。工程示范基本实现了原设计生态修复目标，并为后续的永定河绿色生态走廊、永定河综合治理和生态修复提供了样板。

5.1.3.3 边坡湿地技术

1. 技术原理

边坡湿地组合系统由边坡湿地技术以及沉水植物等工艺组合形成，边坡湿地组合系统反应器中植物改变污染物颗粒的迁移方式，沉水植物及微结构内附近的微生物对净化起到了促进作用，如图 5.7 所示。植物净化工艺的基础是植物自身的吸附与代谢作用，利用植物自身的生长需要吸收营养物质的基本特点，以污水中的污染物作为植物的生长需要的碳源以及氮源。植物生长过程通过同化作用对河水中的营养盐吸附、利用，从而起到削减污染物的效果。边坡湿地组合系统的营养盐降解一方面来自填料的作用，受污染河水中的有机氮微粒通过氨化反应生成的铵根离子和沸石内的矿物质进行多相化学键的交替作用，从而起到良好的氮去除效果，并且无机磷能够和特定填料内部的化学离子发生理化作用生成相应的难溶离子化合物，也可以有效去除水体中污染物；另一方面源自生物的净化，即河水渗透植物过程中的物质交换、植物与微生物协同的代谢活动以及植物组织的拦截沉降。

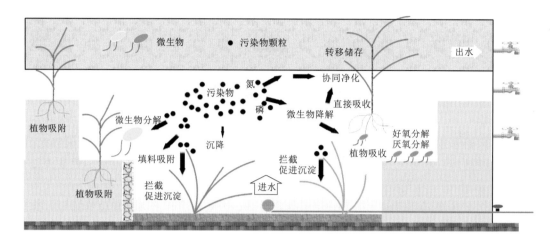

图 5.7 边坡湿地系统净化污染物技术原理

2. 技术参数

针对城市副中心河道边坡特点，筛选了吸附能力较强填料和本地生挺水植物，提出了构建阶梯状边坡湿地模式。筛选出处理效率好的环境协调型边坡材料生物陶粒和沸石，通过生物陶粒＋沸石 1∶1 质量比构建混合两层边坡湿地；挑选具有强效吸收能力的水生植物物种，其中包括邻水处种植 0.7～0.8m 高的水葱，湿地底部种植 0.3～0.4m 高千屈菜，湿地上部种植 0.5～0.7m 高香蒲。重建以沉水、挺水、浮叶植物及边坡基质为核心的植物群落，消减水体氮磷营养盐含量，抑制藻类光合作用，降低整治后河道藻华暴发风险。

香蒲、水葱以及千屈菜的种植密度均为 20 丛/m²。三种挺水植物均选择 4～5 株/丛的生理状态健康的植株均匀种植，植物株间距离为 30cm，此距离可以避免植物的分株分根互相影响。优化后的边坡湿地对受污染水体中有机污染物有较强的降解能力，并对水生态有一定的修复作用。

3. 应用成效

边坡湿地平均 COD 去除率约 27.58%，氨氮去除率为 34.32%，总氮去除率为 31.25；总磷去除率为 33.85%；叶绿素 a 平均降低 77%。由此可知，沸石＋陶粒边坡湿地的效果明显优于碎石边坡湿地的处理效果，对各指标的处理效率都提升在 10% 以上。该技术部分应用于城郊近自然河道（西河路边沟）水生态修复技术示范工程。工程位于通州区西河路边沟，建设面积 1000m²。经过生态修复的水体 COD_{Mn}、BOD_5、NH_3-N、TN、TP 等主要指标达到《地表水环境质量标准》（GB 3838—2002）Ⅳ类标准，该技术解决了河道藻华易发、内源释放难控、水质多变等问题。

5.2 河湖淤积治理技术

随着水污染防治攻坚战持续开展，北京市城市河湖水生态环境整体向好，水质基本维持在Ⅱ～Ⅳ，但新的问题也随之而来，淤泥上翻、黑苔漂浮、汛期溢流等问题成为河湖投诉的主要内容。这与人民日益增长的优美生态环境需求相背离，影响了居民的获得感和幸福感。本节通过分析北京市城市河湖淤积和泥质，比选内源污染控制措施，并对清淤治理中淤泥处置环节进行了资源化利用，结合淤泥治理案例进行了介绍和说明，以期对其他内城河湖治理提供借鉴。

5.2.1 淤积情况调查评价

将北京市河道库区划分为市属一级河道、城市河道、郊区河道、水库四大块区域进行作业。北京市市属一级河道主要指北京市水务主管部门管理的一级河道，涵盖河流主要为北运河、温榆河、清河、永定河、潮白河、运潮减河、凉水河；城市河道涵盖河流主要为通惠河、南护城河、北护城河、昆玉河等；郊区河道以通州区 165 条河道沟渠作为郊区河道沟渠淤泥泥质代表；水库以官厅水库作为水库淤泥泥质代表。从上述河道中共筛选出 357 份淤泥样品进行检测，检测指标为 pH 值、全氮、全磷、全钾、有机质及铜、锌、铅、铬、镉、镍、砷、汞等 8 种重金属污染物。通过重金属、有机质等化学性质含量评价淤泥的化学性质：重金属评价标准值参考《农用地土壤污染风险管控标准》（GB 15618—2018），有机质、全氮、全磷和全钾是衡量土壤肥力的重要元素指标，通过与《全国第二次土壤普查养分分级标准》进行对比，评价底泥的营养水平。通过激光粒度分析仪测定其粒径分布，评价淤泥颗粒级配情况，了解淤泥物理性质。采用单因子污染指数法、地累积指数法、内梅罗综合指数法和潜在生态风险指数法对北京市淤泥进行重金属污染评价，以及生态风险等级和污染状况评价。

北京市淤泥整体可分为两大类，第一类是以市属河道泥质为代表的淤泥，该类淤泥整体肥力相对较低、未受到重金属污染，颗粒级配优良，整体结构更加稳定，可满足实际工程中的应用要求；第二类是以城市河道泥质为代表的淤泥，该类淤泥中的营养元素含量高，营养等级在中上水平，重金属元素在农用土壤管控标准以下。

5.2.1.1 化学性质

1. 重金属含量

对泥样进行检测之后，对不同区域淤泥泥质取其平均值，结果见表 5.1。参照标准对其进行评价分析，重金属评价标准值参考《农用地土壤污染风险管控标准》（GB 15618—2018），具体分析结果如图 5.8 所示。

表 5.1 北京市淤泥重金属实测值

含量/(mg/kg) 河道类别	铜	锌	铅	铬	镉	镍	砷	汞
市属一级河道	44.6	184.5	25.44	85.74	0.29	22.08	6.47	1.24
城市河道	86.03	301.29	51.39	83.48	0.47	33.16	5.92	1.94
郊区河道	33.98	119.46	20.35	70.07	0.76	32.33	8.83	0.36
水库	30.2	131.05	28.39	87.09	0.2	44.08	21.06	0.1

农用土壤污染风险筛选值指农用土壤中污染物含量低于或等于该值时，对作物生长、质量安全和土壤生态环境的风险低，一般情况可不予考虑。农用土壤污染风险管制值指农

用土壤中污染物含量超过该值时，该农用土壤污染风险水平高，应严格控制管理。由图5.8（b）和（h）可看出，城市河道的锌元素超过污染风险筛选值 1.29mg/kg，郊区河道的镉元素超过污染风险筛选值 27%，但都远小于污染风险管制值。其余重金属元素都远小于污染风险筛选值，总的来说北京市淤泥中重金属含量较低，具备资源化的基本条件。

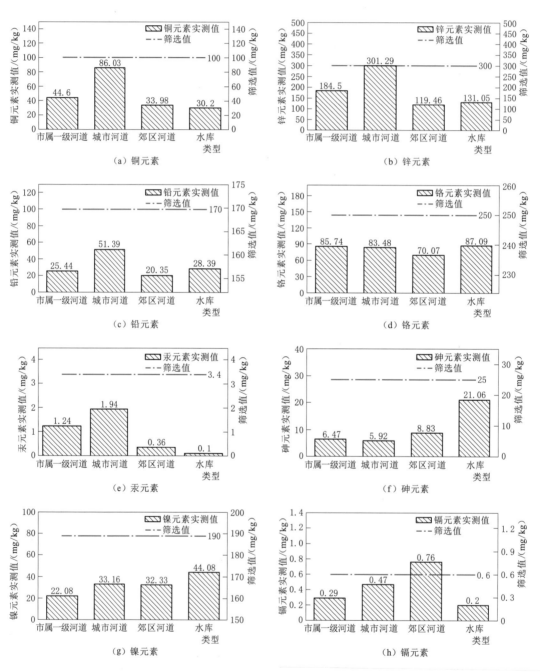

图 5.8　不同区域淤泥重金属含量

2. 营养元素含量

有机质、全氮、全磷和全钾是衡量土壤肥力的重要元素指标，四个区域的具体指标值见表5.2，通过与《全国第二次土壤普查养分分级标准》进行对比，得出评价结果。从表5.2中可以看出，水库淤泥养分条件在中下水平，其余区域淤泥养分总体在中上水平，肥力条件良好。

表5.2 北京市河湖淤泥养分值及评价结果

河道类别	有机质/(g/kg)	全氮/(g/kg)	全磷/(g/kg)	全钾/(g/kg)
市属一级河道	32.49（二级）	1.7（二级）	1.8（一级）	17.3（三级）
城市河道	66.25（一级）	3.4（一级）	1.38（一级）	22（二级）
郊区河道	48.7（一级）	1.82（二级）	0.8（二级）	15（三级）
水库	11.81（四级）	1.18（三级）	0.68（三级）	11（四级）

5.2.1.2 物理性质

根据淤泥的表观颜色和泥质等物理性质可将北京市淤泥划分成两类：一类是以城市河道淤泥为代表，以黑色黏粒为主；另一类是以市属一级河道为代表，以黄色泥沙为主。通过激光粒度分析仪测定其粒径分布，测定结果显示，两类淤泥中不同粒径含量有所不同，具体含量见表5.3。

为验证淤泥性质是否能够更好地满足预想资源化途径的要求，重点考察其颗粒结构的稳定性。通过绘制以上两类淤泥的颗粒级

表5.3 淤泥不同粒径占比

粒径 d/mm	市属一级河道	城市河道
<0.25	100%	100%
<0.075	50.41%	68.42%
<0.005	13.55%	16.95%

配曲线，然后拟合方程，计算淤泥的不均匀系数 Cu 以及曲率系数 Cc。不均匀系数 Cu 越大，级配曲线越平缓，级配越好，越容易压实；曲率系数 Cc 反映颗粒之间搭配好坏。当满足不均匀系数 $Cu>5$ 和曲率系数 Cc 为 $1\sim3$ 时，则该淤泥颗粒级配优良，能够在实际工程中运用。计算结果见表5.4。

表5.4 淤泥不均匀系数及曲率系数计算结果表

水 源	D_{60}	D_{30}	D_{10}	不均匀系数 Cu	曲率系数 Cc
市属一级河道	0.097	0.025	0.003	34.358	2.226
城市河道	0.042	0.010	0.004	10.999	0.619

从表5.4可以看出，市属一级河道淤泥的不均匀系数 Cu 约为34，曲率系数 Cc 约为2.23，城市河道的淤泥不均匀系数 Cu 约为11，曲率系数 Cc 约为0.62，而市属一级河道淤泥能同时满足不均匀系数 $Cu>5$ 和 Cc 为 $1\sim3$ 的要求，所以市属一级河道的淤泥的颗粒级配更加优良，泥质稳定性更强，能够更好地满足工程上的应用。

5.2.1.3 重金属污染评价

1. 单因子污染指数法

计算出北京市不同区域淤泥中8种重金属污染物的污染指数，计算结果见表5.5。将每个重金属元素的计算结果与等级划分标准对比，发现市属一级河道淤泥、城市河道淤泥

和水库淤泥中八种重金属污染物的污染指数都小于1，污染程度为无污染，对应污染等级为一级。郊区河道淤泥中，Cd元素的污染指数为1.27，污染程度为轻微污染，对应污染等级为二级；其余元素的污染指数都小于1，污染程度为无污染，对应污染等级为一级。

表 5.5　　　　　　　　　　　北京市淤泥单因子污染指数法计算结果

河道类别	Cu	Zn	Pb	Cr	Cd	Ni	As	Hg
市属一级河道	0.45	0.62	0.15	0.34	0.48	0.12	0.26	0.36
城市河道	0.86	1.00	0.30	0.33	0.78	0.17	0.24	0.57
郊区河道	0.34	0.40	0.12	0.28	1.27	0.17	0.35	0.11
水库	0.30	0.44	0.17	0.35	0.33	0.23	0.84	0.03

2. 地累积指数法

计算出北京市不同区域淤泥中八种重金属污染物的地累积指数，计算结果见表5.6。对照表5.6可知，市属一级河道的主要污染元素是Hg元素，地累积指数为3.37，属于强度污染；Zn元素属于中度污染，地累积指数为1.10；其余均轻中度污染及以下。城市河道中Hg元素地累积指数最高，达到4.02，属于极强度污染；Cu、Zn、Cd元素为中度污染，地累积值分别为1.62、1.80、1.40；Pb、Cr为轻中度污染；其余均无污染。郊区河道Cd元素处于中强度污染，地累积值为2.09；Cu、Zn、Cr为轻中度污染；其余均为无污染状态。水库淤泥除Pb元素为无污染，其余均为轻中度污染状态。

表 5.6　　　　　　　　　　　北京市淤泥地累积指数计算结果

河道类别	Cu	Zn	Pb	Cr	Cd	Ni	As	Hg
市属一级河道	0.67	1.10	−0.54	0.94	0.68	−0.86	−0.72	3.37
城市河道	1.62	1.80	0.48	0.90	1.40	−0.28	−0.85	4.02
郊区河道	0.28	0.47	−0.86	0.65	2.09	−0.31	−0.27	1.58
水库	0.11	0.60	−0.38	0.96	0.16	0.13	0.99	−0.26

3. 内梅罗综合指数法

计算出市属一级河道淤泥、城区河道淤泥、郊区河道沟渠淤泥和水库淤泥的内梅罗综合污染指数分别为0.12、0.22、0.44和0.21（表5.7），可知四块区域的淤泥污染水平均为清洁水平。

表 5.7　　　　　　　　　　　北京市淤泥内梅罗综合指数法计算结果

河道类别	P_{ia}	P_{imax}	P_N
市属一级河道	0.12	0.38	0.12
城市河道	0.28	0.61	0.22
郊区河道	0.14	1.60	0.44
水库	0.11	0.71	0.21

4. 潜在生态风险指数法

计算出各重金属元素的单因子潜在生态风险指数 E_n 及综合潜在生态风险指数

RI，计算结果见表5.8。从表5.8中可看出各元素的生态风险程度均为低风险，综合生态风险也为低风险。

表5.8   北京市淤泥潜在生态风险指数法计算结果

河道类别	Cu	Zn	Pb	Cr	Cd	Ni	As	Hg	*RI*
	Eri								
市属一级河道	2.23	0.62	0.75	0.69	14.26	0.58	2.59	14.59	36.30
城市河道	4.30	1.00	1.51	0.67	23.52	0.87	2.37	22.83	57.07
郊区河道	1.70	0.40	0.60	0.56	38.00	0.85	3.53	4.24	49.87
水库	1.51	0.44	0.84	0.70	10.00	1.16	8.42	1.18	24.24

5. 评价结果对比

由表5.9对比结果可看出，内梅罗综合指数法和潜在生态风险指数法的评价结果一样，综合风险等级为低风险，而地累积指数法的评价值比单因子污染指数法的评价值更高，其原因是地累积指数法为减轻自然成岩作用对当地背景值的影响，引入了修正系数*K*，而计算时选用的北京市土壤环境背景值比农用土壤筛选值更小，导致计算结果比单因子污染指数法更高。

表5.9   北京市淤泥重金属污染评价结果对比表

水系	单因子污染指数法	地累积指数法	内梅罗综合指数法	潜在生态风险指数法
市属一级河道	均无污染	部分元素受到污染	清洁水平	低风险
城市河道	均无污染	部分元素受到污染	清洁水平	低风险
郊区河道	Cd元素为轻微污染	Cd元素中强度污染	清洁水平	低风险
水库	均无污染	轻度污染	清洁水平	低风险

5.2.2 淤积污染控制措施

5.2.2.1 现行措施

内源污染控制技术主要分为原位治理和异位治理技术，从要素上分为物理技术、化学技术、生物技术以及组合技术，从单向技术上分为清淤技术、原位曝气增氧技术、原位覆盖技术、淤泥钝化技术、生物修复技术、原位洗脱技术和应急处理技术。通过比较各项单项技术的概念以及优缺点，分析了各种不同技术的适用性，见表5.10。

表5.10   内源污染治理方法比选

名称	概　　念	优点	缺点	适用性
清淤技术	淤泥疏挖是通过挖除表层含有高浓度氮磷营养盐、重金属和难降解有机物的污染淤泥，从而去除淤泥污染的修复手段	技术成熟、应用较多、简便快捷、能兼顾去除淤泥中的污染物和河湖扩容	施工精度较差，扰动大，脱水站位置、尾水处理和干泥处理处置是制约瓶颈	不适用淤积低于20cm、水深过浅、河道太窄的河道

续表

名称	概　念	优点	缺点	适用性
原位覆盖技术	淤泥覆盖主要是通过在污染淤泥上构建一层或多层覆盖物，实现水体和污染淤泥的物理隔离，并利用覆盖材料和污染物之间的吸附和降解等作用以减少淤泥中的氮磷营养盐、重金属和难降解有机物等污染物向水体迁移	简便、直接危害小，掩盖有毒有害污染物避免其释放	垫高河床，减小断面，工程量大	适用深海、湖泊、水库淤泥修复，不适用于浅水水域
化学技术	通过化学试剂与污染物发生氧化、还原、沉淀、水解、络合、聚合等反应，使污染物从淤泥中分离、转化成低毒或无毒形态	能耗低、投资少	增加水体毒性，可能引起淤泥稳态破坏，易引起二次污染	适用于应急处理，慎重使用
生物修复技术	生物修复技术可以概括为利用植物、动物和微生物中的一类或几类对水体中的污染物进行吸附、降解、转化，以实现水环境净化和生态修复目的的技术。植物、微生物和水生动物在水体生物修复中扮演着不同的角色，各自为水体的净化起着不可或缺的作用	费用低、发生二次污染风险小、通过合理管控能发挥长效作用	初期调控困难，时间长，见效慢	适用于透明度高、水深合适、自然河底的河湖
应急处理技术	主要用于快速处理突发淤泥事故的技术，如曝气增加溶解氧、冲散悬浮淤泥；投撒菌剂、清捞等	见效快	不能从根本上解决问题	适用突发的淤泥污染事件，如射流曝气、投撒菌剂、清捞等
原位洗脱技术	通过物理扰动在泥水界面产生湍流，使胶体沉积物在湍流作用下翻滚、碰撞、摩擦，无机颗粒重力沉降、原位覆盖，粒径较小的颗粒态污染物随水泵出，经絮凝沉淀后外运，絮凝分离后的清水回流水体	扰动小、底质保留，洗脱覆盖相结合	仅去除污染物，减量作用较少	适用于淤泥浅、污染较重、不适合清淤的河湖

5.2.2.2　清淤技术

清淤疏浚是指采用水力或机械方法为拓宽、加深水域，改善航运条件或增加库容而进行的水下土石方开挖工程，可以快速有效地去除河湖水体淤泥淤积的内源污染物，目前已被大量应用于河湖治理中。

清淤可考虑以下几种方案进行比选。

1. 干场清淤

作业区水排干后，大多数情况下都是采用挖掘机进行开挖，挖出的淤泥直接由渣土车外运或者放置于岸上的临时堆放点。

工程采用围堰拦段渠道结合临时导流方式，实现干场条件下的不间断供水。其优点是清淤质量容易保证；缺点是费用较高，工期较长，而且要建水下河坡道/围堰，淤泥需要堆场，易对环境造成污染，并且不可避免对河坡绿化、护砌等造成破坏，需要进行恢复。

2. 带水清淤

带水清淤一般指将清淤机具装备在船上，由清淤船作为施工平台在水面上操作清淤设备将淤泥开挖，并通过管道输送系统输送到岸上堆场中。采用绞吸式清淤船，配备专用的环保绞刀头，清淤过程中，利用环保绞刀头实施封闭式低扰动清淤，开挖后的淤泥通过挖泥船上的大功率泥泵吸入并进入输泥管道，经全封闭管道输送至指定卸泥区。优点是可有效保证清淤深度和位置，清淤过程中对周围水域污染小；缺点是需要堆场，控制不好易二次污染，费用稍高。

根据研究区域特点以及环境敏感性，内源治理技术选取时需要考虑以下原则：

（1）根据一河一策原则，优先采用成熟、可靠的技术。传统技术不适用的河段，考虑采用适宜、先进的技术。

（2）适用于城市河湖"底部衬砌、硬质护坡、渠化河道"的特点，既能保证河湖行洪安全，又能保障河湖生态景观。

（3）尽可能对城市河湖水体扰动小，保留部分底质作为河湖生态恢复条件。

根据现有内源治理技术原理、特点、优势，结合经济性、功能性对以上几种内源治理技术的适用淤泥厚度、污染程度及治理方式进行比较后，清淤是解决河道淤积的重要方法，不仅可以扩充河道容积，还能将污染物一并去除。因此，对于局部河段淤积超过50cm，河道淤积不仅影响河道行洪，内源污染也成为该段水生态环境较差的主要原因时，成熟的带水清淤技术是最佳选择。对淤泥泛起频繁、油污入河、水华等突发水环境事件，在溢流污染问题解决之前，采用水质应急处置技术，通过人工清捞、投撒生物制剂、曝气等方式快速解决突发水环境问题，降低社会影响。

5.2.3 淤泥资源化利用

根据淤泥常规处置和利用途径，结合北京市淤泥泥质及分类，填埋为最不可持续的方法，与资源化利用目标相背离。因此，可以从土地利用需求、填方材料需求和建筑材料需求方向考虑。经过初步分析和测算市属河道年均产生淤泥50万t，通州区影响黑臭水体水质的河道沟渠清淤产生量约150万t，淤泥产生量巨大，淤泥资源化利用途径以快速、就近、消纳大量淤泥为主要方向，根据淤泥分类与资源化常规利用途径，淤泥土地利用、做建筑材料、填方材料均可以消纳大量淤泥。

根据北京市产业布局，北京市工业基本迁出，无高耗能产业分布，制作建筑材料时优先考虑低耗能制作方式，且建筑材料最好能就近回用于河道周边，可将一般淤泥加工为免烧砖，应用于生态护坡中。淤泥制作免烧砖应用于河道护坡，不仅可以解决淤泥去向问题，也可以结合河道护坡对材料的需求大量应用。

综上，可将北京市有机淤泥、泥沙类淤泥和一般淤泥分别用于平原造林、筑堤培坡、生态护坡等途径是北京市淤泥资源化利用较好的途径。

5.2.3.1 淤泥制砖

根据5.2.1两种类型淤泥的特质，初步拟定相应的资源化途径。北京市现处于生态环保事业飞速发展阶段，在资源化利用过程应当遵循倡导节能环保、可持续发展原则。根据第一种类型的淤泥特质，将其制作成建材产品，为保证淤泥消纳能力，选用制作成淤泥免烧砖的途径，各方面性能满足《非烧结普通粘土砖》（JC/T 422—1991）、《砌墙砖试验方法》（GB/T 2542—2012）国家标准基本要求，用于河道两岸的护坡。

对采用最佳配比制成的免烧砖进行性能检测，检测指标为外观偏差、抗压性、抗折性、抗冻性、吸水率、体积密度、软化系数等物理指标，检测方法参照《砌墙砖试验方法》（GB/T 2542—2012）国家标准基本要求。淤泥制砖流程图如图 5.9 所示。

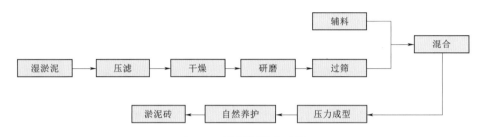

图 5.9　淤泥制砖流程图

检测方法参考《砌墙砖试验方法》（GB/T 2542—2012），工程使用标准参考《非烧结普通粘土砖》（JC/T 422—1991）。

图 5.10　淤泥所制砖体的正面和反面

根据前期试验结果，通过试验初步测试了水泥、水的添加量，制作出的砖体经测试为优等品。在批量加工过程中，添加了适量的碎石等建筑垃圾。由于建筑垃圾有红砖、混凝土块，导致砖体颜色不一，形态不美观，因此在原有加工工艺基础上，添加了一层装饰层，其中装饰层仅有淤泥＋水泥＋水，厚度0.5cm，下面的结构层主要为淤泥＋水泥＋建筑垃圾＋水。砖体为标准砖尺寸，抗压强度为 35.8MPa，抗折强度为 7.69MPa，25次抗冻融实验显示强度损失率为 13.3%，铺设在北运河边 100m 步道上（图 5.10 和图5.11）。从表面看与普通步道砖没有任何差异，铺设半年仍呈现较好的状态。

图 5.11　河道淤泥免烧砖示范区域

5.2.3.2　淤泥复配营养土

清淤完的淤泥先进行发芽指数检测，查验淤泥对种子发芽是否有抑制作用。之后取等量的淤泥、营养土、园林用黄土，分别盛放于 6 个长 43、宽 19、高 17cm 的种植盆中，每一个组分设置一个平行样。每个种植盆中放入 5g 黑麦草种子，从栽种日开始，放置于同一环境下种植，控制每个组分中除种植质地以外的其他因素一致。已知黑麦草的生长周期为 40～45 天，实验定于 45 天后将每个组中的黑麦草取出，测量所种植黑麦草的株高、根长、鲜重及干重、根冠比等生长指标。

种子发芽指数综合反映了生长质地的植物毒性，被认为是最敏感、最可靠的堆肥腐熟度评价指标。通常情况下，当发芽指数大于 50% 可认为泥质对种子基本无毒性。根据最终实验结果得知种子发芽率为 93.33%，发芽指数为 88.81%，所以该城市河道淤泥对种子基本无毒，满足存活条件。

不同土壤中黑麦草株高、根长实验结果如图 5.12 所示，从图中可以看出，淤泥中的黑麦草株高长势最好，黄土株高长势最差；从根的长势来看淤泥中的黑麦草的长势最好，且现场观测时淤泥种植的黑麦草根须茂盛且长，营养土其次，园林用黄土最差。

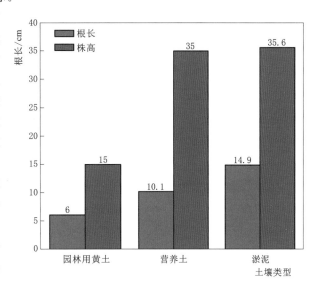

图 5.12 不同土壤中黑麦草的株高、根长

栽种 45 天后黑麦草生长情况如图 5.13 所示。淤泥组黑麦草的干重超过营养土组和园林用黄土组 0.47 倍和 11.4 倍。由黑麦草的干重及鲜重两个指标可知淤泥的种植效果最好。

图 5.13 栽种 45 天后营养土（左）、淤泥（中）、
园林用黄土（右）中黑麦草生长情况

5.2.3.3 根冠比

不同土壤中黑麦草的地下物、地上物干重及根冠比如图 5.14 所示。从图 5.14 中可以看出，黑麦草地上物干重和地下物干重都呈现淤泥＞营养土＞园林用黄土的趋势。淤泥组黑麦草地上物干重是园林用黄土组和营养土组的 9.2 倍和 1.2 倍；淤泥组黑麦草地下物干

重是园林用黄土组和营养土组的 4.9 倍和 1.3 倍。从根冠比的角度分析，由于黑麦草是以地上物为主的农作物，根冠比的大小与黑麦草生长情况成反比，即根冠比越小代表黑麦草生长情况越好，由图中折线部分可看出三个组分的根冠比由小到大排序为营养土＜淤泥＜园林用黄土，所以从根冠比的角度分析，营养土的种植效果最好。

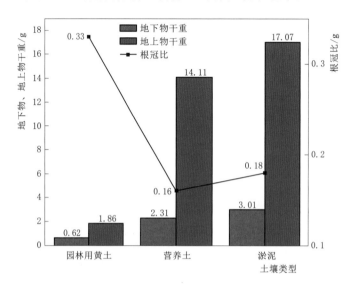

图 5.14　不同土壤中黑麦草的地下物、
地上物干重及根冠比

5.2.3.4　淤泥筑堤培坡

对淤泥土进行物理、力学性能参数试验，确定是否能够达到《堤防工程设计规范》（GB 50286—2013）中对筑堤材料与填筑标准的要求。通过现场碾压获得试验数据的基础上，计算分析培坡加厚的合理断面形式。

计算分为两种方案。方案一：针对原土堤上下游坡坡比均为 1∶3 的情况，下游分为不培坡、培坡且坡比为 1∶3.5、培坡且坡比为 1∶4.0、培坡且坡比为 1∶4.5 的 4 种工况进行计算。方案二：针对原土堤上游坡坡比为 1∶3，下游坡比为 1∶2 的情况，下游分为不培坡、培坡且坡比为 1∶2.5、培坡且坡比为 1∶3.0、培坡且坡比为 1∶3.5 的 4 种工况进行计算。

采用 Geostudio 系列软件（Seep 和 Slope 模块）进行渗流与稳定耦合计算。相关计算参数来自试验报告，可见各工况下土堤的浸润线均由上游水位处降至土堤下游排水体。将安全系数计算结果做相关统计，见表 5.11。

表 5.11　　　　　　　　　　　安 全 系 数 计 算 结 果

计算方案	工况序号	毕肖普法	瑞典圆弧法
方案一： 原土堤上游坡比 1∶3， 下游坡比 1∶3	1	3.319	2.758
	2	4.065	3.712
	3	4.299	3.882
	4	4.513	4.031

计算方案	工况序号	毕肖普法	瑞典圆弧法
方案二： 原土堤上游坡比1∶3， 下游坡比1∶2	5	2.949	2.649
	6	3.541	3.114
	7	3.845	3.289
	8	4.111	3.757

GB 50286—2013 要求的安全系数最小值见表 5.12，可见本项目中土堤与下游培坡的抗滑稳定均能满足规范要求。

表 5.12　　　　　土堤边坡抗滑稳定安全系数（GB 50286—2013 要求最小值）

堤防工程级别	1	2	3	4	5
瑞典圆弧法	1.30	1.25	1.20	1.15	1.10
简化毕肖普法	1.50	1.35	1.30	1.25	1.20

分析小结如下：

（1）两种土堤剖面下各工况的浸润线均由上游水位处降至土堤下游排水体，土堤的防渗效果良好。

（2）两种土堤剖面下各工况的安全系数均满足 GB 50286—2013 要求，土堤边坡抗滑稳定效果良好。下游培坡极限坡度 1∶2，剖面是稳定的。

（3）依据力学参数试验结果，压缩系数为 $0.1\mathrm{MPa}^{-1}$，该土为中等压缩性土。淤泥可以用于加高堤顶，加高后要包边盖顶。

5.2.4　淤泥治理案例

5.2.4.1　内城河湖清淤案例

北京市内城河湖具有"水浅河窄、硬质护坡、渠化断面"的特点，居民关注度高、社会影响面大，具有高环境敏感性，势必需要采用带水清淤方式，同时需要控制对水体的扰动、对周边居民的影响，所以，在清淤过程中需要重点解决清淤设备选取、脱水站位置、尾水处理、淤泥处置等环节。

在清淤设备选取方面，需要根据内城河湖"水浅河窄"的特点，需要选取小型灵活的绞吸式清淤船，且应当采取适当措施控制绞吸过程中对水体的扰动，市场上小型的罩吸式环保清淤船和小型底泥洗脱船均考虑了绞吸头的低扰动措施，在绞吸头上加上了罩壳，将绞吸区域与周边水体进行隔离，仅对绞吸区域进行绞吸，大大降低了对水体的扰动，但相应的清淤效率也有所降低。

在脱水站选取方面，经过沿河走访，城市河湖周边空间均较紧张，河道保护范围较为狭窄，多为公园、滨河步道或者河道管理闸站范围。可充分考虑河道管理闸站内的绿地、空地作为脱水站的选址，脱水站的加药间、混凝沉淀单元、脱水单元等可采用模块式设计，便于灵活组装。泥浆通过水面浮管运送至脱水站。这样可以既不占用居民的亲水空间，又能治理河道内源。

在尾水处理方面，城市河湖水质基本为Ⅱ～Ⅲ类，根据北京市水污染综合排放标准，要将尾水处理达到河道水质标准再排放，成本将非常高。城市河湖周边市政管网发达，单次清淤体量较小，可以测算清淤尾水水质，若达到排入市政管网条件可纳入流域内的市政管网，排入污水处理厂进行处理。若采取这种方法，需要估算尾水水质是否能够达到市政管网排放标准，流域内污水处理厂具备富余处理能力，且需办理排水许可证。

在淤泥处置方面，淤泥经过脱水后含水率在 50％左右。建议结合北京市产业特点，在淤泥重金属达标的情况下结合消纳量大的土地利用、建材利用、筑堤培坡等资源化利用途径开展利用。可以考虑淤泥回用于清淤工程区内的绿化恢复，或者制作成砖体回用于清淤工程区的路面恢复、植草砖等，解决淤泥产品后续消纳问题。

基于以上分析，城市河湖可采取"罩吸清淤-尾水入网-原位利用"的清淤模式。2021年城市河湖北护城河东直门桥下利用该模式开展了清淤，采用经过改良加工后的小型罩吸式清淤船开展清淤，泥浆通过水面浮管运送至脱水站，脱水站选择距离清淤区域 800m 的闸站绿地内，尾水经过检测水质满足《水污染物综合排放标准》（DB 11/307—2013），排入香河园中街的污水管道，最终汇入酒仙桥污水处理厂处理后排放。淤泥脱水后含水率 48％，经检测泥质达标，与一部分土壤混合后进行原位绿地恢复，一部分作为园艺土进行盆栽花卉种植。

5.2.4.2 郊区河道清淤案例

以北运河杨洼闸上游清淤为例，清淤段沿岸已划河道管理范围和保护范围，场地充裕，脱水站设置在清淤段附近的闸站院内，北运河水质为Ⅳ～Ⅴ类，底泥评估较为"清洁"，尾水经过絮凝沉淀后水质即可达到北运河水质要求，尾水直接排放入河。清淤产生的淤泥，经过分析，淤泥有机质含量低，颗粒级配较好，适宜制砖，通过添加水泥、碎骨料后制成低碳环保免烧砖，铺设于脱水站所在地的路面，实现淤泥取自河道、回用于河道的目的。

5.3 水体水生植物管控

水生植物是能在水中生长的植物的统称，根据水生植物的生活方式，可将其分为挺水植物、浮叶植物、沉水植物和漂浮植物以及湿生植物。水生植物对于淡水生态系统具有重要作用，是稳定的水生态系统的重要组成部分，影响着水体营养物质去除、固碳及食物供给等诸多生态系统功能。

水生植物大量增长会使水体流动受到影响，进而影响营养盐分布，造成水体溶解氧含量降低，引起水生动物生长环境恶化。水生植物腐烂后会造成水体二次污染等。水生植物具有成活率高、繁殖能力强的特点，特别是沉水植物，其暴发性增长会造成其他物种的扩散、定居均受到阻碍，对水生植物群落结构优化及生物多样性的增加造成不利影响。适度干扰对于水生植物群落结构优化，形成能自我维持平衡状态的良性生态系统具有重要意义。本节以沉水植物为主介绍水生植物管控技术。

5.3.1 水生植物生长的影响因素

水生植物的生长、生存及繁殖受多重因素影响，主要可以归纳为以下几方面：①光照强度；②营养盐；③底质；④悬浮物；⑤水流条件；⑥环境温度；⑦其他因素如着生藻类、重金属、pH值等。

5.3.1.1 光照强度

光合作用是沉水植物最重要的代谢活动，光照强度是沉水植物生长必须的环境因子及主要的限制因素。不同类型沉水植物，其生理生态学特性存在一定差异，光合特征也有所不同。除了沉水植物自身生理特性差异外，在一定外部光强下，其光摄取能力与水体光学特性密切相关。

5.3.1.2 营养盐

营养盐浓度是沉水植物生长的影响因子之一，但不是限制其生长的关键因子。沉水植物对营养盐浓度具有较高的耐受性，在一定范围内，其生长过程不会受到显著影响；但要保证沉水植物的正常萌发、生长，水体营养盐浓度也应该存在一定的上限阈值，该阈值随着沉水植物的类型以及同一沉水植物的不同生长阶段而变化。

5.3.1.3 底质

底质是有机碎屑微生物降解和营养物质生物地球化学循环的主要场所，含有多种有机物和无机营养物质，对沉水植物具有固持作用，还可以为沉水植物提供各类营养元素以及微量元素。不同底质的物理、生化性质有所差异，对沉水植物生根、繁殖与生长也会产生不同程度的影响。各类沉水植物在其不同生长阶段对不同特征底质的生态响应有所区别，在沉水植物野外恢复的实践中，应综合考虑沉水植物自身生理特性与底质特征，选择合适的先锋物种。

5.3.1.4 悬浮物

水体悬浮物对沉水植物生长过程的影响主要包括两个方面：①悬浮物降低了水体透明度，减少了水体内部太阳辐射总量及有效光能，不利于沉水植物进行正常光合作用；②一部分悬浮物易黏附在植物叶片上，直接削减了其光合能力，并可能导致植株与水体间气体交换和营养物质交换的受阻，从而影响沉水植物生长。

5.3.1.5 水流条件

水流条件对沉水植物生长具有直接或间接的多方面影响，这一过程与机制极为复杂。有研究表明，水流运动会对沉水植物产生拉伸、搅动、拖曳作用，直接影响其生长进而对沉水植物的形态产生影响；水流一方面增加了 CO_2、营养物的供给与交换，有利于沉水植物生长，另一方面由于其胁迫作用，影响了沉水植物代谢、吸收过程；水体流速的改变对沉水植物生物量以及群落组成都有很明显的影响，较高的水体流速会从生理特性上限制某一区域沉水植物拓殖、生长的能力。

5.3.1.6 环境温度

沉水植物所处水环境温度变化比较缓慢、稳定，温度对沉水植物的影响比陆生植物要弱，但其对沉水植物季节生长的影响仍较明显。水温会影响沉水植物的休眠期长短、种子萌发率等；另外，就不同沉水植物而言，由于其生理生态学特性的差异，温度对其影响特征也有所区别，不同植物在相同温度下具有不同的光补偿点，同种植物的光补偿点随温度的变化而变化。沉水植物最佳生长状态总对应着某一合适的温度范围，过低或过高都会对其生长过程产生一定不利影响；不同类型沉水植物对温度的响应机制也有所差异。

5.3.1.7　其他因素

除了上述 6 项因素，水体中着生藻类、重金属含量、pH 值等因素也会对沉水植物的生长过程产生一定影响。

（1）着生藻类。着生藻类常与周丛细菌及有机碎屑等一同组成沉水植物表面的覆盖层，影响了宿主沉水植物的营养吸收及生理学特性，从而影响其正常生长。

（2）重金属。沉水植物通过螯合作用可对水体中重金属进行富集，但过高的重金属含量也会对沉水植物产生毒害作用。

（3）pH 值。沉水植物的光合作用与 pH 值变化存在互馈响应关系，主要通过改变水体中溶解无机碳（dissolved inorganic carbon，DIC）不同形式（自由 CO_2、H_2CO_3、HCO_3^- 及 CO_3^{2-}）之间的平衡状态相互影响。底泥是具根水生植物生长着底的基础，也是植物生长所需矿质营养的主要来源，底泥营养盐含量、基质类型及底泥中积累的有机物质对水生植被的生长和群落演替产生直接影响。

5.3.2　水生植物主要管控措施

水生植物的主要管控措施包括水位调控、水动力调控、水生动物调控、着生藻类和悬浮物管控、收割管控等。

5.3.2.1　水位调控

恢复河湖水位自然波动节律是流域生态修复的关键措施。春季低水位有利于促进早春季节水生植物萌发及幼苗生长，水深控制需根据水质确定，当透明度不足 0.5m 时，水深宜控制在 1m 以内；夏季适当提高水位，能遏制水生植物的疯长，当透明度不足 1m 时，为维护生态系统平衡稳定，水深宜控制在 2m 以内。

水位调控需注意防控菹草快速生长。在菹草过量繁殖水域，春季无需低水位运行。沉水植物生长的适宜水深与光照条件密切相关，宜根据植物光补偿点深度确定，一般可按 3.5 倍（混浊型）或 2.5 倍（清澈型）透明度估算光补偿点深度。

5.3.2.2　水动力调控

水流条件往往是沉水植物野外恢复过程中容易忽视的一项重要因素，一般而言，流速小于 0.1m/s 的水域，易暴发藻类水华，应配置适量沉水植物以抑制藻类生长；流速为 0.1~0.3m/s 的水域，易于生长沉水植物，且沉水植物顺流倒伏较少出露水面，在不影响景观条件下，少量收割管控即可；流速大于 0.5m/s 的水域，沉水植物一般较难生长。汛期短历时洪水可造成部分沉水植物冲毁，但也容易自然恢复，一般无需人工补植。

有条件的水域，可通过水位、流量联合调控，减轻对沉水植物的管控强度。

5.3.2.3　水生动物调控

草食性鱼类的取食量较大，每公顷放养 25~30 条 250g 的草鱼可达到控制沉水植物的目的。放养的草鱼可以选用三倍体的不育草鱼，初期采取低放养密度，后期根据调控效果逐步增加投放密度。草食性鱼类的投放与沉水植物的适量保持较难取得平衡，因此，草食性鱼类投放宜谨慎开展，逐步探索，并动态管控。

青鱼、鲤鱼、锦鲤、鲫鱼等底栖动物食性鱼类过量也易造成沉水植物消亡、水质恶化，应对体型较大的成鱼进行人工捕捞，以减轻对底泥扰动和底栖动物、沉水植物的破坏。保持适量肉食性黑鱼，对于维持水生态系统稳定具有重要作用。

底栖动物具有清除有机碎屑、滤食浮游藻类、沉水植物附着物等多种功能，可促进沉水植物正常生长。宜根据水域底栖动物生长情况适度调控其生物量。

5.3.2.4　着生藻类和悬浮物管控

着生藻类常与周丛细菌及有机碎屑等一同组成沉水植物表面的覆盖层，从而影响其正常生长。这种作用主要体现在两方面：一是着生微生物层的遮光、阻碍作用，影响了宿主沉水植物的营养吸收，从而降低了其生长速率；二是着生藻类的代谢产物会对宿主产生一定毒害作用，影响其生理学特性。沉水植物通过螯合作用可对水体中重金属进行富集，但过高的重金属含量也会对沉水植物产生毒害作用。

水生植物修复区进水宜通过沉淀、过滤等措施降低悬浮物含量，透明度应适宜沉水植物生长。

5.3.2.5　收割管控

收割是用机械或人工方式将沉水植物从水体中以不同强度收取并运输到岸上的过程。收割可以减缓沉水植物生物量过度集中于水体表层的趋势，根据不同种类沉水植物生长速率，可以采用 20%～40% 和 60%～80% 的不同收割强度，其中菹草可采用中等偏高强度。大部分沉水植物夏季进入快速生长期，应加强夏季沉水植物管理，从快速生长初期开始进行收割，有效控制沉水植物生物量，避免大面积漂浮影响景观。

沉水植物收割的关键时间点为菹草石芽形成至死亡前的 5 月（水温 20～25℃）和大部分沉水植物消亡前的 9 月。其中，菹草主要通过石芽繁殖，应加强石芽成熟前收割，收割深度以主干真叶下方为宜，有利于控制来年的菹草生长量。

沉水植物收割时不宜连根拔除，避免造成底泥的扰动。

5.3.3　北京城市河湖的沉水植物管控

北京的城区河流水系流域面积约 750km²，包括永定河引水渠、京密引水渠昆玉河段、长河、转河等 16 条，总长 170km，跨北京的东城、西城、朝阳、丰台、海淀、石景山、门头沟等 7 个区，河道库容约 500 万 m³，分为景观河道、供水水源河道和排水河道等 3 类。除永定河引水渠、昆玉河、长河、转河和北护城河外，均为再生水补水河流。选择其中 11 条景观河道和排水河道，设置 30 个断面，开展水体水质、沉水植物生长状态的监测，依此进行沉水植物的管控。

5.3.3.1　河湖水质与沉水植物分布特征

根据图 5.15 所示点位的监测数据，参照《地表水环境质量评价办法（试行）》对 4—7 月河流水质进行评价可知，城区大部分河流水质满足地表水 IV 类标准，其中永定河引水渠四环外河段水质较差，为劣 V 类；从城区河流 TN 浓度看，除昆玉河、北护城河满足 IV 类标准外，其他河流均劣于 V 类，与再生水水源特点一致，说明城区河流大部分管理良好，没有新的污染汇入，但部分河流城乡结合部及以外河段须加强管理。

北京城区河流春季和夏季的沉水植物变化情况见表 5.13，表中的优势值为综合考虑植物的频度、盖度和高度因素得到的反映其优势程度的值，可见季节性变化还是比较明显的。春季记录沉水植物 6 种，优势种为 3 种，分别为菹草（*Potamogeton crispus*）、穗花

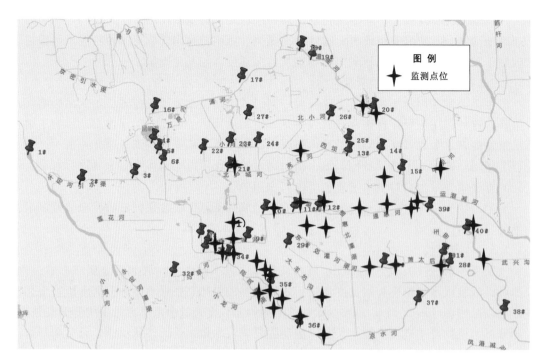

图 5.15　城区河湖沉水植物监测点位示意图

狐尾藻（*Myriophyllum spicatum*）和篦齿眼子菜（*Potamogeton pectinatus*），群落组成主要为菹草群落、穗花狐尾藻群落及篦齿眼子菜群落。进入夏季菹草优势逐渐被穗花狐尾藻取代，沉水植物种类由 6 种增加至 11 种，优势种为金鱼藻（*Ceratophyllum demersum*）、穗花狐尾藻（*Myriophyllum spicatum*）、篦齿眼子菜（*Potamogeton pectinatus*）、黑藻（*Hydrilla verticillata*）、苦草（*Vallisneria natans*）、菹草（*Potamogeton crispus*）。

表 5.13　　　　　　　　　北京城区河流春季和夏季的沉水植物种类及优势值

| 物　种　名　称 | | 优　势　值 | |
种	拉丁文	春季	夏季
穗花狐尾藻种	*Myriophyllum spicatum*	0.298	0.198
金鱼藻种	*Ceratophyllum demersum*	0.045	0.238
小茨藻	*Najas minor*	0.006	—
大茨藻	*Najas marina*	—	0.036
角果藻	*Zannichellia palustris*	—	0.007
苦草	*Vallisneria natans*	—	0.093
黑藻	*Hydrilla verticillata*	0.016	0.130
菹草	*Potamogeton crispus*	0.388	0.093
竹叶眼子菜	*Potamogeton malaianus*		0.029
篦齿眼子菜	*Potamogeton pectinatus*	0.116	0.160
穿叶眼子菜	*Potamogeton perfoliatus*	—	0.010
微齿眼子菜	*Potamogeton maackianus*	—	0.006

北京城区各河段在不同季节的沉水植物群落特征有所差异，部分河段出现苦草群落和马来眼子菜群落，群落名称、伴生物种及适应水体范围见表5.14。

表5.14 北京城区河流沉水植物群落类型及适应水体

时间	群落类型	常见伴生种	存在河段	适应水体状况
春季	菹草	狐尾藻种、篦齿眼子菜、金鱼藻、黑藻	昆玉河、南护城河、通惠河、凉水河、清河、温榆河、北护城河	Ⅱ～Ⅳ
	穗花狐尾藻	菹草、篦齿眼子菜	昆玉河、南护城河、凉水河、永定河引水渠	Ⅱ～劣Ⅴ
	篦齿眼子菜	菹草、穗花狐尾藻、金鱼藻	通惠河、凉水河	Ⅲ～Ⅳ
夏季	穗花狐尾藻	金鱼藻、马来眼子菜	昆玉河、南护城河、通惠河、凉水河、北护城河	Ⅱ～Ⅳ
	金鱼藻	狐尾藻、黑藻	永引渠末端、南护城河、凉水河	Ⅲ～Ⅳ
	黑藻	穗花狐尾藻、金鱼藻、大茨藻、苦草、马来眼子菜、篦齿眼子菜、菹草	南护、凉水河、温榆河、北土城沟、通惠河	Ⅲ～Ⅳ
	苦草	金鱼藻、黑藻、角果藻、穿叶眼子菜、马来眼子菜	凉水河、北小河上游段、清河上游段	Ⅱ～Ⅲ
	马来眼子菜	金鱼藻、黑藻、穗花狐尾藻、大茨藻、苦草、篦齿眼子菜	凉水河中段	Ⅳ

5.3.3.2 沉水植物生态位宽度

生态位宽度是反映种群对资源获取和利用状况的尺度。生态位宽度越大，表明该物种的特化程度越小，对环境的适应能力越强，更倾向于泛化种。不同季节沉水植物生态位宽度统计分析见表5.15，可见北京城区河流沉水植物生态位宽度为0.033～0.692，不同季节有所差异。春季物种数量少，生态位更趋离散，不同河流沉水植物生态位宽度（见图5.16）从大到小依次为菹草＞穗花狐尾藻＞篦齿眼子菜＞金鱼藻＞黑藻。其中，宽生态位一种，为菹草；中生态位一种，为穗花狐尾藻；窄生态位3种，菹草资源竞争优势明显。夏季物种数量增加，生态位竞争趋于激烈，生态位宽度从大到小依次为穗花狐尾藻＞金鱼藻＞黑藻＞大茨藻＞篦齿眼子菜＞菹草＞苦草＞竹叶眼子菜＞穿叶眼子菜＞微齿眼子菜和角果藻，无宽生态位种，中生态位3种，窄生态位8种，与春季相比，夏季物种资源竞争能力相对均衡，物种多样性明显增加。

表5.15 不同季节沉水植物生态位宽度描述统计

分 类	种类/个	最小值	最大值	均值	标准偏差
春季	6	0.033	0.692	0.264	0.262
夏季	11	0.033	0.435	0.198	0.145
有效个案数（成列）	6				

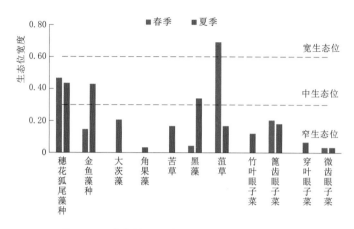

图 5.16 北京城区河流沉水植物生态宽度变化

5.3.3.3 沉水植物生态位重叠特征

生态位重叠是指两个或两个以上生态位相似的物种生活于同一空间时共用或竞争共同资源的现象，是生态上相似性的量度，重叠值越大，表明 2 个物种之间利用资源的能力越相似。春季虽然沉水植物种类数量只有 6 种，但生态位显著重叠的 2 组，分别为菹草和穗花狐尾藻、黑藻和微齿眼子菜；重叠有意义的 4 组，分别为穗花狐尾藻和篦齿眼子菜、金鱼藻和菹草、金鱼藻和篦齿眼子菜、菹草和篦齿眼子菜。夏季物种数量增至 11 种，生态位显著重叠数量减少为 1 组，为穗花狐尾藻和金鱼藻，重叠有意义沉水植物增加 1 组，表明春季大部分物种资源利用能力相似，并通过占领生态位，有效遏制了资源利用不一致物种的生长；夏季物种通过增加资源利用差异性，控制生态位重叠，减少竞争，物种多样性得到提升。

5.3.3.4 沉水植物收割

沉水植物收割作业过程中会对水体产生扰动、割断、挤压沉水植物会释放营养盐进入水体，因此开展了沉水植物收割对水体水质及水生生物影响的研究。沉水植物收割过程监测内容包括河道水体及沉水植物，其中河道水体监测包含船只收割点上游 50m 处 1 个，收割船船尾 2 个、20m 处 2 个、50m 处 2 个、150m 处 2 个，共 9 个监测点位，取样深度为水下 0.5m。水质监测指标 7 项，包括高锰酸盐指数（COD_{Mn}）、总磷（TP）、氨氮（$NH_3 - N$）、总氮（TN）、叶绿素（Chla）和悬浮物（SS）6 项指标；水生生物包括：浮游动/植物、底栖动物种类及密度。水样采集方法依据《水和废水监测分析方法》（第四版）增补版，采集到的水样送第三方检测机构检测，浮游动植物、底栖动物进行专业鉴定。根据沉水植物生长优势种和生物量，确定为 5 月（菹草）、7 月（狐尾藻）、9 月（黑藻），为了保证数据科学性，每种优势沉水植物收割过程中开展连续 3 个工作日的样品采集，每个工作日 9 个样品，共采集 81 个样品。

监测结果表明，沉水植物收割会使船尾悬浮物略有升高，其他指标没有明显影响。沉水植物收割对研究区水生生物影响与不同生物组成特征有关，扰动更有利于研究区 9 月浮游植物生长，10 月则相反；从多样性指数看，扰动更利于水体水生生物的多样性。

5.4　水生态系统构建关键环节

城市水生态系统是在城市一定空间内栖息的水生生物与其环境共同构成的统一体，是生态系统的重要结构和功能单元。城市水生态系统在具备水生态系统功能的基础上，同时也受到城市活动的强烈冲击和干扰。城市水生态系统为人类社会提供了多种生态服务功能：调控洪水、为生物提供栖息地、作为生态廊道连接城市空间、提供亲水场所等，因此城市水生态系统的完整性和稳定性至关重要。城市水生态系统构建以河湖调查和评价为基础，在充分评估水生态系统结构、功能和机制的基础上，遵照顺应自然、强化连通、形态多样等原则，按照生境修复—水生态系统群落恢复—系统结构调控的整体思路开展。栖息地修复、动植物群落构建是其中的关键环节，栖息地修复与加强为水生态系统稳定提供必要条件，在此基础上开展关键物种的群落恢复，有助于增进水生态系统的恢复向着稳定性和多样性方向发展。

5.4.1　栖息地修复与加强

河湖栖息地通常指某种生物或某个生态群体生存繁衍的区域或环境，包含着生物的生存空间以及空间中所有环境因子。按河湖介质为研究对象，栖息地包括无机类，如卵石、砂砾等，植物类，如水生植物、木头碎屑等。栖息地按空间尺度可划分为微观（流态、河底、岸边带等）、中观（局部河段、潭—滩系列）、宏观（流域、河流廊道、整体河段）尺度等。

栖息地修复与加强方法多样，通过塑造自然化、多样性的生境条件，能够为水生动植物提供良好的生态栖息环境。本节中主要对生态流量保障、河道生境塑造、河流连通性恢复、岸边带生态防护等关键环节进行介绍。

5.4.1.1　生态流量保障

城市河道承担着城市排水、防洪、景观等功能，水量、水文情势会引起生态系统物质、能量流动的变化，从而对栖息地的功能发挥造成影响。河道流量幅度过大会对生态系统中饵料造成冲击，流量幅度过小则容易引起局部区域水环境质量下降，破坏生物的生存环境。由于生物生长、繁衍的需求，流量条件和频率的变化会影响生物物种的多样性、生命周期等。流量是影响河流生态系统完整性、系统结构和功能的重要因素，城市河道生态流量的保障，是生态系统功能稳定性的重要前提。

流速和水位是流量与河道断面特征综合影响的重要表现，水生态系统对流速和水位的变化非常敏感。流速能够影响生态系统的结构和生物的行为适应性，水位则直接影响物种生活空间，通过改变水体光线强度和水温，影响水生植物的类型、规模和分布，从而形成不同的栖息环境。另一方面，水位的变化影响鱼类栖息和鸟类捕食等行为过程，从而引起生态系统的变化。

再生水的有效利用是北京城市河湖生态水量保障的有力举措。2001 年，北京市出台《北京市区污水处理再生水回用总体规划纲要》，为再生水利用提供了重要依据。2001—2011 年间，北京在中心城区陆续建成了清河、北小河、方庄等一批再生水厂。2013—

2023 年，北京市政府连续印发 4 个治污三年行动方案，快速提升了污水处理和再生水利用能力。根据《北京市水资源公报》，2013—2021 年间，再生水年利用量由 7.5 亿 m³ 增长至 12 亿 m³。2000—2021 年间河湖生态用水量由 0.43 亿 m³ 增长至 16.68 亿 m³。2021 年再生水用于生态环境水量为 11.15 亿 m³，占生态环境用水总量的 66.85%。再生水的利用为河湖复苏提供了根本保障，对水生态系统多样性、稳定性、持续性提升至关重要。

5.4.1.2　河道生境塑造

基于河流地形地势特征，在一定程度上通过控制河床比降，恢复或塑造河流蜿蜒性，修建生态护岸、丁字坝、堰等仿自然的修复措施改善栖息地生境。

自然蜿蜒的河道有利于生态系统的稳定，城市河道为保障防洪、排水能力，形态一般为顺直型，对河岸形态的改造难度较大，可在河道岸线曲折处、河流交汇处等重要节点塑造河道生境，设置石块、圆木、丁坝等小型构筑物，营造河流局部区域蜿蜒性流线。

修复深潭浅滩地貌特征，对于河床的稳定性和生物栖息地构建非常重要。浅滩由于水位较浅，靠近河道凸出的一侧水流速度快，而深潭存在于河道水位较深的位置，可为生物栖息提供有效空间。

5.4.1.3　河流连通性恢复

城市水体通过相互连接，形成连贯而整体的结构。在城市水系统中，河流及沿河分布的斑块、基质共同组成河流廊道，相连通的廊道为生物栖息提供了重要空间。河流具有四维（纵向、横向、竖向、季节性）空间结构特征，通过横向、纵向、垂直方向的连通将自然系统与人类活动相互结合，形成城市水系统格局。

纵向连通，具体措施包括拦河坝改造、鱼道和仿自然鱼道修建等。

横向连通，通过水体—河岸—陆地的横向物质交流，形成水体和陆地之间物质和能量输送的通道。通过河道缓冲区的构建，进行岸坡生态防护，建立横向连通的路径。

竖向连通，河流通过竖向空间进行物质和能量交换，河道底质一方面为水生植物提供固着点和营养来源，另一方面水体通过多孔的土壤进行流动，与地下水开展交换。因此，可采用自然土壤铺以卵石的方式保障自然河床，软化河底河坡，减少洪水冲刷，为水生物提供生存环境。

5.4.1.4　岸边带生态防护

城市河道岸坡是城市与河流之间的过渡部分，作为河道的一部分，为动物、植物、微生物等提供了栖息和繁殖的场所。当岸坡与周围的水体及生物形成稳定的系统时，一方面增加了生物流通的通道，另一方面提升了水生态系统抗干扰能力和自我修复能力。

木桩、仿木桩结构是利用废弃木料或细石混凝土放木桩构筑而成的防护结构，适用于河水冲刷流速较缓、岸坡坡度较平缓的河道。木桩结构由于材料具有较好的透水性，利于水土营养成分的相互渗透，能够为生物提供良好的栖息地，且可形成较好的景观效果，如图 5.17 所示。但木桩易腐烂，耐久性较差，且造价高。仿木桩结构由于材料渗透性较差，对生物栖息的作用较小。

生态砖结构是由混凝土砌块垒砌且在生态孔内种植植物的防护结构，适用于河水冲刷流速较急，水位变动较频繁的河段，如图 5.18 所示。这一结构稳定且持久，抗压、抗冲击能力较强，施工便捷，造价较为经济。

图 5.17 木桩（左）与仿木桩（右）结构

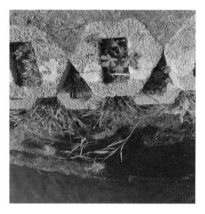

图 5.18 岸边生态砖结构

块石、砾石、卵石等塑造的岸坡，适用于河水冲刷较缓、岸坡用地空间较为宽裕的河段。由于渗透性较好，这一结构能够为动植物创造栖息空间，促进生态环境的恢复，如图5.19 所示。但在蜿蜒性较好的河道会影响防洪功能的发挥。

图 5.19 岸边块石、砾石结构

5.4.2　植物群落构建

水生植物群落的构建是水生态系统恢复中最为核心的内容。水生植物按照生态习性可分为沉水植物、挺水植物、浮叶植物、漂浮植物等生活型。本书主要介绍沉水植物和挺水植物。

水生植物中沉水植物是水生生态系统中的重要组成部分，是主要的初级生产者，在水生食物链中处于关键环节。沉水植物及其群落构成的生境，能够为水生动物提供饵料，有效地增加空间生态位，是水体生物多样性维持的基础，对于水生态系统中物质和能量的循环调控至关重要，在维持生态系统结构和功能稳定性方面，发挥了极为重要的作用。因此，重建沉水植物群落，构建"水下森林"被认为是水生态系统优化的有效手段。

水生植物中的挺水植物主要分布在水边到水深 1.5m 的水域，尤其在浅水湖荡、港湾中生长最旺盛，仅根部或极少部分生长在水中，茎或叶挺在水面上。挺水植物在生长过程中会吸收大量的水分以及营养盐，同时利用植物根部连接形成紧密的织网，能够有效减缓水流对河岸的冲刷。

水生植物的存在可以提高水体净化效率。植物可以通过根、茎、叶直接从水层和底泥中吸收氮、磷，并同化为自身的结构组成物质（蛋白质和核酸等），从而加快了水体中氮、磷营养物质的去除，除此之外，植物促进水体净化作用还体现在促进反硝化作用、与微生物协同作用以及促进相关酶的活性等几个方面。

5.4.2.1　植物种类选取

沉水植物的植物体几乎全部生活在水体中（部分沉水植物在有性繁殖期间花序或花棒等部分器官会露出水面），整个植物体均可吸收水体中的营养物质，且植物根系对沉积物再悬浮的抑制作用较强。因此，在水体生态系统修复中，通常构建沉水植物群落用以减少水体和沉积物中的营养物质，改善水质，增强水体生态系统的稳定性。常用于"水下森林"构建的沉水植物有苦草、金鱼藻、狐尾藻、轮叶黑藻、眼子菜等。

挺水植物的选取常与城市滨水景观相统一，考虑植物生长习性与周边环境的一致性，依照植物色彩迹象、维护养护进行选取，多使用本土植物和经济型植物。常用于植物群落构建的挺水植物包括黄菖蒲、菖蒲、芦苇、花蔺、再力花、千屈菜等。

5.4.2.2　构建技术要求

水生植物配置在空间布局上，从垂直结构和水平分布两个维度考虑不同水生植物对生境条件的适应性。垂直结构是基于影响垂直分布的基本形态、光照需求、景观效果等植物特性，按照不同水深、不同功能进行配置；水平分布是基于水体生境条件等区域划分，结合水体流速、河湖生境形态进行配置。

植物群落构建以沉水植物作为核心，组建适宜量先锋群落，避免因先锋群落过量而导致的群落结构失衡。沿岸浅水区构建挺水植物群落，减少或不配置漂浮植物，以避免对光照的阻挡而挤压生态位，影响沉水植物生长。伴随着水体水生植物群落生长演替，生境条件也随之改变，高等水生植物群落逐渐成为优势群落，生态系统逐渐稳定。

5.4.3　水生动物配置

水生动物群落构建是水生态系统良性循环的必要条件。通过水生动物群落恢复，一方面可通过水生动物自身特性,对水体中物质进行利用,另一方面在人工辅助的基础上,促进水生态系统结构复杂性、完整性和稳定性的提高。水生动物群落构建方法分为经典操纵理论和非经典操纵理论,构建以鱼类为核心、搭配配置大型底栖动物的水生动物群落是其中较为常见的构建方法。

5.4.3.1 关键物种选择

鱼类是水生态系统中的重要消费者,能够直接反映水生态系统健康状况,在栖息地修复与加强的基础上开展鱼类群落恢复。一般以河道中自然存在的土著鱼类资源为核心,通过放流不同生态位、营养级鱼类,辅助鱼类群落恢复和稳定。非经典生物操纵理论中最常用的鱼类为鲢和鳙,可对水体中浮游生物进行控制和利用;草鱼、团头鲂常用作控制水生植物。

底栖动物群落是水生态系统中的重要组成部分,其迁移能力有限,对于水体中营养元素循环具有重要作用。基于可控、可操作的原则,城市水生态系统构建一般选择大型底栖动物,包括螺、蚌、河蚬等,可摄食浮游植物、有机碎屑、水体悬浮物。

5.4.3.2 配置技术要点

在水生态系统构建初期,先保证水生植物生长良好,再投放少量鱼类,以避免扰动基底,影响植物生长。构建后期,根据鱼类生长情况投放滤食性和肉食性鱼类,达到控制藻类和浮游动物数量、调控水生态系统结构的目的。大型底栖动物恢复过程根据城市河流底质、边坡、水生植物、水文水质条件等因素,计算合理密度,采用撒播方式投放。

5.5 浅水湖泊水生态系统构建实例

浅水湖泊是城市水生态系统中的重要组成部分,稳态转换理论是浅水湖泊水生态系统构建的关键理论基础,削减污染负荷、植被恢复、生物操纵等都是促进稳态转换的重要手段。浅水湖泊由于易受光照、风浪、人为干扰等因素影响,极易出现藻类密度过高、水体浑浊等富营养化现象,水生态系统在由大型水生植物占优的清水稳态和藻类占优的浊水稳态之间转换。浅水湖泊水生态系统构建中,大型水生植物的构建与管控是核心,有助于保持水体清澈、恢复水生态系统活力。圆明园、镜河等水生态系统构建典型案例,提供了一种以水生植物群落构建为核心的城市浅水湖泊水质保障与水生态提升综合技术,为其他河湖水体生态修复提供借鉴和指导。

5.5.1 圆明园湖水生态系统构建

5.5.1.1 基本情况

圆明园遗址公园(简称圆明园)占地 350hm^2,由绮春园、长春园和圆明园三个园区组成。1997 年以来,受连续干旱和水资源严重紧缺影响,圆明园原有的地表水、地下水补充水源丧失,水生态系统严重退化。为保证圆明园的生态持续发展,2007 年 10 月起,圆明园使用清河再生水厂的出水作为补给水源,有效缓解了水资源供给难题。圆明园湖水流流向如图 5.20 所示。

图 5.20　圆明园湖水流流向图

　　圆明园现有水体面积约 121 万 m²，大小水面约 30 多处，最大水体为福海，水面面积 28.2 万 m²，其余水体面积均小于 7 万 m²，园区内水域水深约为 0.8～1.8m。圆明园年再生水补给量为 600 万～900 万 m³，最大水力停留时间约 90 天，主要用于补充园区内水域日常蒸发渗漏损失和绿化灌溉用水，基本无外排。再生水水质满足《城镇污水处理厂水污染物排放标准》（DB 11/890—2012）中的 B 标准限值要求，除总氮外，主要水质指标达到地表水Ⅳ类标准限值。

　　圆明园地势为西侧和南侧高，东北侧低。再生水由西北侧紫碧山房进水口补给，顺西侧水道沿程分为两股向东：北侧流经福海，进入长春园；南侧流经福海南侧水道进入绮春园。

　　圆明园水体水生态景观维护，以水生植物的养护为主，定期对生长过旺的沉水植物、挺水植物进行割控清捞。沉水植物生长期，大约每 20 天割控清捞 1 次，保持 0.5～1.0m 深水面，水草收割时不得连根拔起；挺水植物（主要为荷花）每年在入冬前收割 1 次，将水面以上全部进行收割，并随时打捞水面漂浮物。

　　在开展水生态修复工作前，再生水中由于氮、磷含量较高，夏季高温极易造成水华暴发，尤其对于以再生水作为主要景观用水水源的圆明园而言，湖区水生态环境面临更大风险。

5.5.1.2　主要措施

1. 科学配置，浅水水域构建以沉水植物为主的水生态系统

　　在圆明园水生态修复中，构建形成了以沉水植物为主的水生态系统，其生态修复原理为：人工培育使沉水植物占据优势生态位，并投加黑鱼控制草食性鱼类破坏；通过沉水植

物抑制浮游藻类生长，同时为鱼类提供良好栖息环境；沉水植物过量生长时则由人工收割控制，维持系统稳定；环环相扣，形成针对富营养浅水湖泊特点的以沉水植物为主的生态修复模式。如图5.21所示。

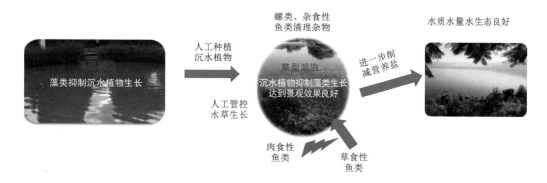

图5.21 圆明园水生态修复原理

其技术关键之一为沉水植物群落构建。优选出的主要沉水植物有：苦草、狐尾藻、黑藻、金鱼藻，适当配置菹草。其中，苦草具有氮、磷吸收效率高，易收割打捞，生长稳定等特点；狐尾藻具有适应水质范围广、耐水深大等特点；菹草则是冷季型物种，秋季发芽，冬春季生长，是春末夏初抑制藻类暴发、促进其他沉水植物萌发演替的关键先锋物种。沉水植物种植密度一般为$15\sim25$丛/m²，$4\sim6$苗/丛，具体视工期、种植条件及初期效果等要求而定。沉水植物种植期受底质、水深和季节影响最大；种植前应清理重污染底泥，泥质应有利于沉水植物扎根，以黏性土质为佳；种植培育期水深一般应维持在0.5m以内，随植物生长逐渐抬升水位；暖季型沉水植物，如苦草、狐尾藻、金鱼藻等，一般应在春夏季成苗种植，冷季型的菹草则一般在秋季或开春种植。沉水植物覆盖度一般要求不小于60%，补水水质劣于地表水（河道）Ⅳ类标准限值时建议覆盖度不小于80%。一般而言，只要水深、光照、底质适宜，沉水植物成活扩展后其覆盖度均可达到90%以上。

其技术关键之二为水生动物群落构建。沉水植物种植初期应将种植区内的鱼驱逐干净，待沉水植物生长稳定形成规模后再适度引种投放虾、螺、蚌、黑鱼等水生动物，鱼类以抑制草食性鱼类繁殖的肉食性黑鱼为主，适量配置杂食性的鳑鲏、麦穗等。其中：底栖动物（黑壳虾、无齿蚌、圆田螺）每立方米水体配置$10\sim20$g；鱼类（肉食性的黑鱼为主，少量配置杂食性的鳑鲏、麦穗）每立方米水体配置25g；其他物种自然繁衍。随着水生态系统的演进，各类野生动植物也将逐渐发展形成物种丰富的水生态系统。

2. 开拓边界，深水湖区"多生境水域联动＋生物操控"综合集成调控

针对福海等水深在2m以上（即超过光补偿深度）的浅水湖泊，结合圆明园现场情况，通过新建、改造挡水设施，实现水流可控，利用园区多片静水湖区，延长水体流动距离，增加净化时间，改善深水湖区前端补水水质。通过调整上游流场，改善入水水质，下游回流净化，结合水动力—水质—水生态数值模拟流场优化，多生境水域联动，高效利用

外围净化空间，削减入湖氮磷含量。同时配合采用滤食性动物控藻生物操控技术，促进湖区水生态稳定，优化提升鱼—藻—微生物循环净化效率，实现静水湖泊水生态环境质量提升。

3. 精心管控，保持水生态系统的长效稳定

在富营养水体条件下，以沉水植物为主的水生态系统受沉水植物自身过渡生长、藻类竞争、鱼类破坏、光照等压力影响，容易造成系统失稳，精心管控尤为重要。

沉水植物收割管控对水生态系统平衡、水质保障及水景观维持具有重要作用。其一，适度收割有利于维护生态平衡。沉水植物过量生长，占据上层生态位，抑制了下层植物的光合作用，影响后续水生植物的生长，还会造成水中缺氧、pH值升高，引起鱼类等水生动物死亡。过量的沉水植物还会占据其他水生动物活动空间，影响鸟类的觅食，造成生态链破坏。其二，适度收割有利于移除污染物，避免二次污染。沉水植物在生长旺盛期每天可增长 4～6cm，圆明园平均每月水草生长量约达 400t（湿重），年水草生长量约达2400t；此外，菹草在 5 月中下旬逐渐减少、其他暖季型水生植物也于 9 月底开始消亡。及时收割清捞，可将沉水植物吸收、吸附的营养盐移除，有效削减氮磷负荷。其三，适度收割有利于维持水体景观。沉水植物生长高峰期，非常容易覆盖整个水面，影响水体景观。

沉水植物收割管控应根据沉水植物的生长情况，待沉水植物出露水面时进行割除，每次仅割除一半高度，平均每月收割 1～2 次。关键时间点为菹草高速生长期的 3 月下旬、4月中旬和其他沉水植物的高速生长期。3—4 月以菹草收割为主，5—7 月以黑藻、金鱼藻收割为主；8—10 月以狐尾藻、眼子菜收割为主。开春及入冬前收割一次荷花、芦苇、香蒲等挺水植物。收割时尽量避免连根拔除、减少底泥扰动。

水位调控是维持沉水植物稳定生长的关键。藻类繁殖易造成水体透明度降低，水下光照不足将显著影响沉水植物的生长发育。沉水植物萌芽期是水位调控的关键时期，3—6月水深宜控制在 1.0m 以内，根据水体透明度适当调整，促进沉水植物生长，同时在 2 月中下化冰后，低水位运行，减少水体停留时间，有利于防止丝状藻类泛滥。3 月是菹草芽孢生长关键时期，4—5 月是其他暖季型沉水植物萌芽关键时期。沉水植物正常生长期最大水深控制在 2.0m 以内。

适度的鱼类调控有利于水生态系统的稳定。该系统中鱼类调控的重点是控制草食性鱼类及大型滤食性鱼类（如锦鲤），在沉水植物种植初期应驱逐各种鱼类，并在植物生长稳定后投放黑鱼、麦穗、鳑鲏等；后期随着自然繁育生长，种群结构不断演化，应考虑对体型较大的成鱼进行人工捕捞并减少增殖放流，尤其是观赏性锦鲤，减轻对浅水型水体的底泥扰动；并控制其他底栖食性鱼类过度繁殖，减轻对底栖动物的捕食压力。

4. 明确边界，促进圆明园水生态修复模式推广应用

人工干预下的生态系统较为脆弱，来水水质变化、收割管控及水深调控不当，均可能造成系统的不可逆退化。在推广应用圆明园水生态修复模式时，应考虑以下边界条件：①水体流速一般小于 0.1m/s，不受洪水、风浪等淘刷影响；②拟修复水体适宜水深为0.5～1.5m，最大不超过 2m，水位可调；③补水水源的总磷、氨氮、BOD_5 等主要水质指标宜优于地表水（河道）Ⅴ类标准限值，周边无污水直排或雨污合流管降雨溢流污染入

汇；④底质以黏性土为佳，淤泥、砂砾或沙质底质均不利沉水植物生长；⑤需要根据工程特点，因地制宜地探索并逐步建立以沉水植物调控为主的水生态系统修复及维护技术措施及工程手段。

5.5.1.3　主要成效

再生水补给虽然有效缓解了园区水量不足难题，但受水中氮、磷含量较高影响，夏季高温期易造成水华暴发。2007年以来，圆明园管理处开展了一系列生态修复探索，目前已完成了万方安和、后湖、凤麟洲、松风萝月、如园、玉玲珑馆、方河、武陵春色、月地云居、花港观鱼、小南园、正觉寺、澹泊宁静等水域生态修复，现场监测及相关资料分析表明，园区水系生态修复成效显著，主要表现为

1. 水体感观效果明显好转

园内生态修复的水域水体清澈见底，透明度一般超过1.0m，直达湖底。水色透亮，浊度一般小于5NTU（饮用水限值为1NTU）。此外，水下水生植被种类丰富，色泽翠绿，有效改善了视觉舒适性；呈现出一幅水清岸绿、鱼翔浅底的自然画卷，显著提升了水体的感官效果。

与之相比，未修复区水体浑浊，透明度不足0.4m，水色发白或发绿，难觅鱼虾踪迹，感官体验明显不如生态修复区。如图5.22所示。

（a）修复区水生态景观效果　　　　　　　　　　（b）修复区与未修复区对比

图5.22　圆明园水生态景观维护效果及对比

2. 生物多样性显著增加

在人工干预下，圆明园水生态修复区由"藻型浊水湖泊"调整为"草型清水湖泊"，水生态系统更趋多样化、稳定可控。

园区内鱼类、鸟类、蜻蜓较多，如图5.23所示。鱼类主要有黑鱼、麦穗、鳑鲏、翘嘴鲌、鲫鱼、黄鳝等16种。鸟类观察记录到265种，远高于一般城市公园；其中水禽种类占30%，并记录到国家一级保护动物1种（金雕），二级保护动物22种，北京市一级保护动物19种。调查记录到蜻蜓28种，其中低斑蜻是一种极度濒危的蜻蜓。这些变化主要得益于水生态系统的修复为鱼类、鸟类、蜻蜓等提供了良好生境。

图 5.23　园区内动物现状

园区内水生植物种类丰富，如图 5.24 所示。沉水植物有黑藻、眼子菜、苦草、狐尾藻、金鱼藻、茨藻、菹草等；挺水、湿生植物有荷花、睡莲、芦苇，以及香蒲、千屈菜、鸢尾、慈姑、莎草等。沉水植物分布随季节变化、水质沿程变化、年际间演变等因素影响处于动态良性发展，生物多样性不断提升。

图 5.24　园区内水生植物现状

浮游动植物、底栖动物种类及生物量相对较少。修复区浮游植物和浮游动物的密度和生物量显著减少，仅为未修复区的 1/2；修复区内水体叶绿素 a 含量均小于 $18\mu g/L$，显著低于未修复区叶绿素 a 浓度（约 $73\mu g/L$）；说明沉水植物对浮游动植物生长繁殖有着显著抑制作用。园区内底栖动物种类和数量均相对较少，主要有螺、蚌、德永摇蚊等；部分水域调查到虾类，如节肢动物黑壳虾、中华小长臂虾、秀丽白虾等，标志着区域水体环境质量好转。修复区现状如图 5.25 所示。

3. 水质指标显著改善

圆明园水体补水水源为清河再生水厂的再生水，实测补水水质优于标准要求，主要指标均值：总氮 11.3mg/L、总磷 0.2mg/L、氨氮 0.4mg/L、COD 11.5mg/L。监测表明，园区水体氮磷营养盐沿程显著降低。从西北部的进水口（紫碧山房）到东部的水系末端（长春园方河），总氮、总磷去除率分别达到 93.6%、73.1%，由进口的 11.3mg/L、0.2mg/L 分别降至 0.7mg/L、0.06mg/L。沿程氨氮含量保持较低水平。

园区水体年输入氮 84.9t、磷 1.6t。营养盐消纳的主要途径：渗漏及绿地灌溉、水体自身存量、水生植物收割移除以及自然净化。其中，渗漏及绿地灌溉移出的氮磷占输入氮磷总量的比例相对较大，分别达到 39.5%、49.7%；水生植物收割移除的氮磷占比分别为 3.4%、20.4%；自然净化削减的氮磷也非常显著，分别达到 49.8%、20.7%。由此说明，水体自然净化仍是污染物削减的主要作用；而人工收割管理，也在较大程度上促进了磷的削减，有效维持了水生态系统稳定。圆明园水系氮磷营养盐变化及消减比例如图 5.26 所示。

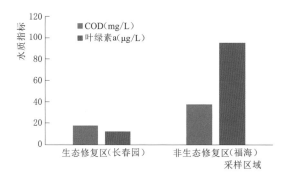

图 5.25　修复区现状

相对于"藻型浊水湖泊"，"草型清水湖泊"更具稳定性。沉水植物可有效抑制藻类生长，改善水体理化指标，并为鱼虾等大型水生动物提供繁殖、避难、游憩等良好栖息环境。螺类及部分鱼类具有啃食清理沉水植物表面附着物和清除水体有机碎屑的作用，有利于良好水环境的维护。部分区域的湖心岛、芦苇丛等小生境为鸟类提供安全栖息空间，清澈水体及水中鱼群有利于吸引大量水鸟。由此形成主要由沉水植物—贝类—鱼类—鸟类构成的水生生物链，系统组成与结构更趋完善，稳定性和多样性增强。而该系统中的核心要素——沉水植物，其种植、培育及运行管控可操作性强，人工干预效果好。

5.5.2　镜河水生态系统构建

镜河作为新生景观河道，水生态系统不完整，水体透明度较低，局部区域水华现象时有发生。为提升镜河水环境质量和水生态环境，重点开展污染物溯源、水生态系统构建、水生态安全监测等水环境保障综合技术措施。工程实施 2 年，沉水植物覆盖度超过 40%，水体透明度最高提升 50cm，恢复水生动植物 20 余种，水环境保障与水生态修复工程成效显著。

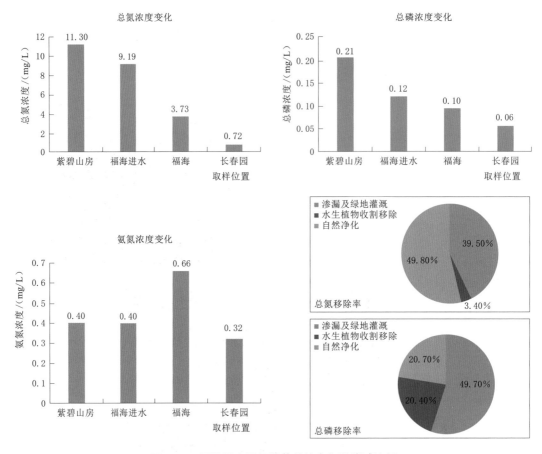

图 5.26　圆明园水系氮磷营养盐变化及消减比例

5.5.2.1　基本情况

镜河地处北京城市副中心行政办公区西侧，运潮减河与北运河之间，是城市副中心行政办公核心区重要的景观要素。副中心的建设与水环境密不可分，镜河的水生态环境具有极为重要的政治意义。

镜河设计全长 3.7km，目前已建成 2.4km，设计常水位 18m，最高水位 20m，水深 1.5～2.0m，蓄水量约 25 万 m³。

镜河主要水源为河东再生水厂出水及河畔砂滤净化水，补水量约 1 万 m³/d。根据 2019 年年初监测结果，总磷浓度基本维持在 0.3mg/L 以下，总氮浓度基本维持在 15mg/L 以下，COD 浓度基本维持在 30mg/L 以下，NH₃-N 浓度基本维持在 1.5mg/L 以下。总体看来，除总氮外，镜河主要水质指标稳定保持在地表水Ⅳ类水质标准。到 2020 年年初，河道下游点位总磷和 COD 浓度超过地表水Ⅳ类标准。

镜河在河道设计中考虑了生态河流的理念，设计了生态河底，河底采用黏土防渗。根据生态理念，设计浅滩、深潭，开挖不同宽深比的曲折河道，增加河道生境的异质性。通水初期河道内没有水生植物种植，生态系统结构不完整，在后期维护上关注了水体的流动和水质的改善，在河道内种植了沉水植物和挺水植物。镜河功能定位为排水、蓄涝兼风景观赏河道，其作为行政办公核心区的玉带和灵性之源，水质的好坏起着决定性的作用。

镜河作为相对封闭的新生河道，由于交换水量少、基本呈现缓流状态、水生态结构不完整，极易受到外界干扰而产生水环境问题，如水体透明度低、局部区域水华等。一是水体透明度低，部分点位总磷和COD浓度超标。镜河水体透明度由2019年清澈见底，到2020年年初平均透明度只有30cm，水体透明度下降对河道景观和水生态系统健康状态造成影响。二是藻密度偏高，2020年年初与2019年同期相比，藻密度增加近10倍，水华爆发风险较高；而沉水植物覆盖率偏低，仅为15%。三是河道两岸超过3万 m² 的绿地，在高品质维护中施用大量农药化肥，经过降雨冲刷后可能形成面源污染进入河道。

5.5.2.2 主要措施

1. 建立镜河水环境保障与水生态修复成套技术

重点开展包含镜河水文、水质以及水生态系统各要素的系统监测和有针对性的要素研究，识别了水生态限制因素和水环境影响因子，明确了镜河处于藻型浊水态的现状和最终达到草型清水态的发展目标。为实现这一目标，对以水量调度技术和水生态修复技术为核心的治理措施进行了实践。

镜河水环境保障与水生态修复成套技术以存在水质风险、生态系统稳定性较低和新生河道演替趋势不明朗三大问题为基础，通过物理—化学—生物三大要素研究，以污染溯源—生态提升—规律研究为主要任务，实现水质保障、生态修复和河道管理支撑三项目标。

2. 识别镜河水生态环境影响因素

通过开展包含大气沉降、河道面源污染、余氯影响研究的外源污染监测与研究，和包含鱼类代谢通量计量、藻类沉积规律、植物腐败、种植土污染释放和微生物代谢通路研究在内的内源污染研究，明确了镜河水质主要受来水水源影响。

镜河水生态环境影响因素识别技术的实施，明确了镜河来水水源占河道全年氮通量和磷通量的96.79%和93.66%；水生植物未及时收割产生的腐败和水生动物代谢所产生的磷约占全年通量的7%；大气沉降和面源污染产生的氮和磷占全年通量的不到1%；荷花种植土对水质的影响主要为COD指标，占全年通量的1.5%，如图5.27所示。

3. 改善镜河水生态系统结构

统筹敞水区与河滨带区域，基于草型缓流水体的"水下森林"构建技术，以苦草、轮叶黑藻、竹叶眼子菜为优势种群，种植比例为5:1:3.5，在深水区、过渡区和浅水区集成播种法、扦插法和模块法等多种种植方式，构建镜河水域生态系统1.7km，加速了镜河向草型清水态转换。为改善水陆交错带的生境条件，结合植物岸坡防护技术，构建以黄菖蒲、芦苇为主，再力花、鸢尾为辅的水生动物栖息带，既完善了植物群落结构，又减缓了岸坡冲刷。镜河水生植物种植方法如图5.28所示。

4. 阐释稳态转换过程中水生态系统群落结构演替规律

如图5.29～图5.31所示，以镜河为代表的再生水补水缓滞水体通水初期的浮游植物以硅藻为主要类型，浮游动物以轮虫为主要类型；沉水植物随季节演替，冬季、春季以菹草为主，夏季、秋季以大茨藻为主；鱼类按营养级划分出现的先后顺序为杂食性、草食性、肉食性和碎屑食性。镜河水环境保障与水生态修复工程揭示了镜河水生态系统中各组

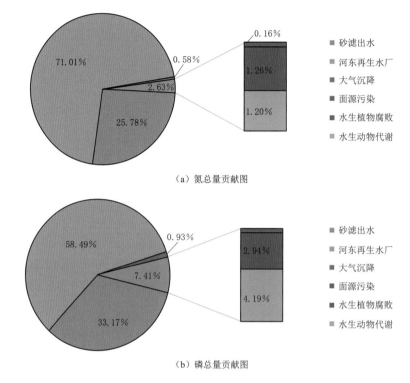

（a）氮总量贡献图

（b）磷总量贡献图

图 5.27　镜河水体氮、磷年通量贡献图

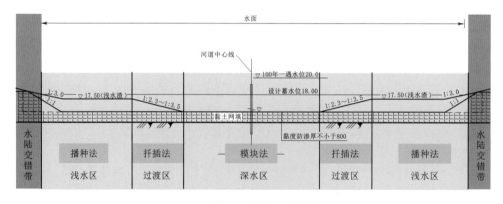

图 5.28　镜河水生植物种植方法图

成要素时空变化规律，镜河已由通水后"零生态"逐步发展为 7 种沉水植物随季节演替、鱼类营养级结构丰富、珍稀鸟类频繁光顾的良好景观，形成了群落结构相对完整的水生态系统。

5.5.2.3　主要成效

1. 水环境质量得到保障

一是水质基本稳定于地表水Ⅳ类标准。总磷和化学需氧量基本保持地表水Ⅳ类标准，氨氮全年优于地表水Ⅲ类标准。二是水体透明度有所提升。由于河道内水体停留时间较长，且水源中营养盐含量偏高，沉水植物覆盖度为 15％时水体透明度平均为 30cm，覆盖

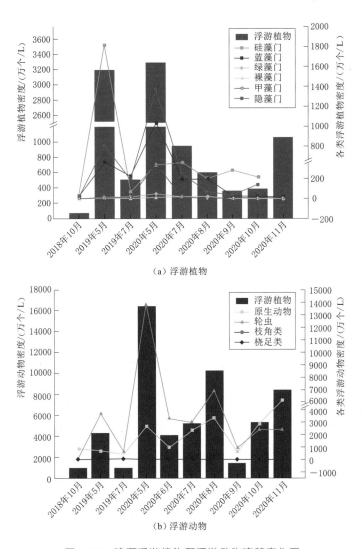

图 5.29 镜河浮游植物和浮游动物演替变化图

度为 40％时水体透明度平均提升至 50cm，局部区域达到 85cm。三是水环境影响因素得到明确。监测结果表明，现阶段镜河水质主要受来水水源影响，水源中砂滤出水磷营养盐浓度偏高，水资源配置方式应进行优化。

2. 水生态系统日趋完善

通过以水生植物为主的水生态系统构建，提升了镜河水生态系统结构稳定性，恢复水生动植物 20 余种，生物种群逐渐丰富，如图 5.32～图 5.34 所示。一是沉水植物群落多样。通过人工引种与自然恢复相结合的方式，探索新型模块化种植方式和种植工具，所种植的 5 万 m² 沉水植物经过近 2 年生长，目前实现 7 种沉水植物群落随季节发生演替，沉水植物覆盖度超过 40％。二是水生动物营养结构完整。通水初期镜河缺乏水生动物，至 2019 年 6 月出现单一鱼类品种，至今镜河鱼类群落已自然形成涵盖草食性、杂食性、肉食性等全部营养级的完整结构，鱼类种群数量超过 10 余种。

2018年10月

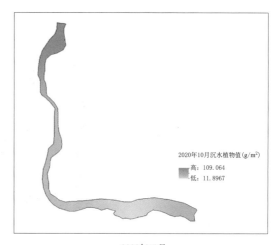
2020年10月

图 5.30　镜河沉水植物演替变化图

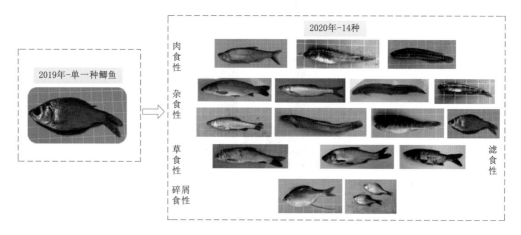

图 5.31　镜河鱼类演变变化图

图 5.32　镜河沉水植物群落构建效果图

图 5.33 镜河岸坡防护效果图

图 5.34 镜河水生态环境现状图

3. 河道管理提供科学指导

镜河水环境保障研究成果，为河道管理提供科学指导，包括优化水资源调度方式、改进水循环处理系统工艺、水生植物精细管控、水环境应急保障措施等多项内容。

5.5.3 推广价值及建议

1. 建立水生态系统构建的科学路径

通过生物合理配置，构建以水生植物为主，鱼类、底栖动物为辅的水生生态系统，利用食物链稳定维持生态系统平衡，能够有效增强水环境自净能力，保障水域水质提升。

2. 指导河湖湿地生态修复建设

目前北京市正在开展北运河、永定河、潮白河等河湖水系绿色生态走廊建设，推进重要河流、湿地、湖泊等生态修复，大力建设环首都森林湿地公园。再生水补给水源水生态修复经验可为北京市河湖湿地生态修复建设起到重要借鉴和指导。

3. 促进河湖水生态管护水平提升

北京市平原区河湖水域湿地面积约 239km²，目前管护措施主要以水面保洁、藻类水华控制为主。浅水湖泊水生态修复经验的总结与推广，可有效规范北京市水生态管护方法，提升管护水平，并推动生态理念的普及和河湖水域生态空间品质提升，为建设蓝绿交织、清新明亮、水清岸绿的生态城市、和谐宜居之都做出贡献。

4. 沉水植物应成为河道设计的重要环节

基于沉水植物在水生态系统的关键作用，河道设计中沉水植物覆盖度不应低于40%，在此规模下有利于河道草型清水态的维持，且降低了高水位运行下种植的难度。

5. 富营养化控制措施应"对症下药"

随着水资源调度的日益增强，与以往蓝绿藻水华不同，硅藻富营养化正逐渐成为再生水补给型河流的主要类型。针对不同藻类生长特性，在硅藻富营养化控制中以过滤等物理措施为有效手段，根据河道特征辅以水生态修复技术，对水环境保障和水生态提升至关重要。

5.6　城市河道生境构建实例

城市河流生境构建是立足河流生态系统现状，使受损的城市河流生态系统重新恢复其必要的结构和功能，发挥其自我恢复功能。基于河流生态廊道功能恢复、水生生物栖息地改善、生物多样性提升等多重目标，以生态景观河流修复为根本，恢复和重建城市河流生态系统，提升水体生态功能，保持城市河流自然过程，并形成自然生态景观与城市人文生活相统一的河流水生态风貌，是城市河道生境构建的基本遵循。凉水河、北土城沟等城市河道生境构建典型案例，提供了水体流动性较好的城市河道生境多样性提升技术，为其他河流水生态系统提升和修复提供借鉴和指导。

5.6.1　凉水河生境构建

凉水河先后开展了水环境综合治理工程一期、二期等多项水环境治理工作，通过采取截污治污、河道清淤、生态护岸、生物除臭、底泥洗脱、景观提升等措施，凉水河城市段（南五环以上）水体基本还清，主要水质指标达到地表水功能区划要求并能长期维持，沿河居民生活休闲环境得到了明显改善。针对水环境水生态新变化、新形势和新需求，凉水河治理从防治水污染转变为构建河道湿地，从提升水环境质量转变为修复河流生态。通过分年逐点连续实施生态修复，构建完整的"乔木、灌木、草本、湿生、水生"生态系统，加以精细化养护，最终打造"水清岸绿、鱼翔浅底、水鸟翩飞、两岸一道"的凉水河亲水休闲生态岸线，让凉水河永葆生机。

5.6.1.1　基本情况

1. 河道概况

凉水河发源于石景山区首钢退水渠，流经海淀、西城、丰台、大兴、朝阳、北京市经济技术开发区、通州等7个区，在通州区榆林庄闸上游汇入北运河，全长约68.41km，凉水河水系总流域面积629.7km²。凉水河水系一级支流共9条，包括水衙沟、新丰草河、马草河、旱河、小龙河、新凤河、大羊坊沟、萧太后河、通惠排干等。

根据《北京市地面水环境质量功能区划》，新开渠、莲花河、凉水河上段（万泉寺—大红门）水体水质分类为Ⅳ类，凉水河下段（大红门—榆林庄）水体水质分类为Ⅴ类。

多年来，河道管理部门采取多种治理措施，凉水河水质正逐渐好转。随着污水治理力度的加强，尤其是黑臭水体治理工作的推进，凉水河珊瑚桥以上河流水环境质量得到了很大提升，河流水质达标，河水清澈见底，河边已经成为居民休闲的好场所。

根据 2017 年 5—9 月水质监测结果，玉泉路桥—大红门闸断面的 COD、BOD、氨氮、总磷基本能够达到Ⅳ类，大红门闸—珊瑚桥断面的 COD、BOD、氨氮、总磷浓度能够满足考核标准，即氨氮不大于 2.5mg/L、其余指标达到地表水Ⅴ类。珊瑚桥～马驹桥，污染物浓度又逐渐升高，超标污染物主要是氨氮和总磷，分析原因是旧宫桥上游排水口污水汇入、新凤河支流水质不达标以及底泥释放。马驹桥～榆林庄闸前（凉水河入河口），COD、氨氮和总磷超标，BOD 满足水质标准，说明凉水河水质符合以再生水为主要补水水源、少量直排污水排入的特征。

2017 年凉水河采样检测到浮游植物共 7 门 70 种，凉水河上游浮游植物以硅藻门为主，下游绿藻门和蓝藻门占比增加，玉泉路桥、万丰路桥上、南三环桥上、大红门闸下浮游植物密度与生物量均较高。在凉水河采样检测到浮游动物共计 44 种，浮游动物密度和生物量均较低，物种相对单一。凉水河底栖动物调查共采集大型底栖动物 15 种，凉水河各采样断面底栖动物多样性多为差和较差等级，Shannon - Weiner 多样性指数（H′）变化范围为 0.21～1.40，底栖动物种类较为单一。

凉水河水生植物中挺水植物和沉水植物均有分布，挺水植物包括芦苇、茭白，在上游分布较多，沉水植物在上下游均有分布，主要包括轮叶黑藻、龙须眼子菜、金鱼藻和菹草。

2. 主要问题

根据现场调研与往年资料，凉水河水生态水环境目前存在的主要问题为：臭味污染、雨后水质较差、水华暴发、水生植物系统不完善等水生态问题。一是不定期短时偷排污水，臭味污染。由于凉水河流域内还存在有雨污合流口，管道截污不彻底、污水处理厂溢流污水现象，凉水河珊瑚桥以上段水质不稳定，暗涵、溢流口等点段不定期出现短历时溢流、偷排污水现象，导致局部点段水质恶化，两岸居民反响强烈，要求河道管理部门加强水质维护，消除臭味，改善居民生活环境质量。二是雨污水入河，雨后河道水质较差。流域内存在大量雨污合流口，小雨时管道内雨污水能够全部截留进入污水处理厂处理，雨污及初期雨水对河道水质影响较小，但是在中雨时，合流制管道内雨污水量超过截流倍数，雨污水从部分溢流口直排入河，对河道水质产生较大影响。凉水河流域中上段全部位于建成区，城市面源污染对河道水质影响较大，尤其是在小雨和中雨过后，河道水质浑浊，臭味明显，感官效果极差，需要采取措施在短时间内改善河道水质。三是水生态系统不健全。根据 2017 年水质监测结果和水生态调查结果，凉水河水生植物系统不健全，水生植物对水质的净化效果没有充分发挥。从考核断面水质浓度来看，凉水河上段水质基本达标，但是还存在个别时段个别指标超标现象，直接原因是少量偷排污水入河难以及时处理造成，另外由于河道生态系统不健全，河流自身的自净能力不足，对少量污水的净化效果不显著。四是水华暴发风险大。分洪道为护城河向凉水河分洪的通道，通常情况下分洪道闸门处于常闭状态，以保持护城河水面景观。由于分洪道为封闭不流动水体，在冬季水体清澈透明。但在每年夏初至秋末的时间里，水体颜色翠绿，水面藻颗粒聚集，镜检结果显示，水体中优势藻类为蓝藻门微囊藻和腔球藻，影响感观效果，如图 5.35 所示。

（a）冬季　　　　　　　　　　　　　（b）夏季

图 5.35　凉水河分洪道不同季节水质

5.6.1.2　主要措施

1. 光彩桥水生态改善

凉水河光彩桥临近石榴庄公园，布设有地表水国控断面。为了提高断面水质达标保证率和改善该段河道景观效果，在石榴庄公园上游光彩桥构建河道湿地，改善水生态状况，提升景观效果。

在光彩桥上游 200m 和下游 300m 河段内，利用河道两侧滩地构建溪流湿地。光彩桥上、下游两岸滩地新挖溪流渠道，滩地宽度 12～19m，根据滩地宽度调整溪流渠道宽度 2～6m，形成有宽有窄的仿自然溪流。

溪流湿地构建仿木桩护岸，需要仿木桩约 6000 根，土工布 2000m²，可根据实际构建情况调整。护岸间隔 0.9m 扦插红柳枝（3cm 左右柳枝），扦插间距可按扦插地点的具体情况做轻微的调整，需要活柳枝约 2400 个。

光彩桥上游溪流渠道深度 0.6m，长度 200m，加高光彩桥上游现状汀步，实现汀步顶高程较现状水位高出 0.3m、抬高汀步前水位 0.2m，将河水引入溪流湿地，溪流水深保持 0.3m。光彩桥下游滩地新挖溪流渠道，宽度 4m，深度 0.8m，长度 300m，利用现状汀步水头差将河水导入溪流。

滩地配置菖蒲、黄花鸢尾（黄菖蒲）、花蔺、斑叶芒、粉黛乱子草、再力花等景观植物，种植面积约 11000m²。种植方式如图 5.36 所示。

该段主河道配置沉水植物，品种以龙须眼子菜为主，点缀金鱼藻、黑藻，沉水植物种植面积约 8000m²，光彩桥上下游区域补种沉水植物。

挺水植物与沉水植物的种植规格与密度，见表 5.16。

表 5.16　　　　　　　　　挺水植物与沉水植物的种植规格与密度

植 物 名 称	规 格	高度/cm	密 度
黄菖蒲	每丛 3～5 棵	15～25	16 丛/m²
菖蒲	每丛 5～8 棵	15～25	16 丛/m²
斑叶芒	每丛 5～8 棵	15～25	16 丛/m²

续表

植 物 名 称	规 格	高度/cm	密 度
粉黛乱子草	每丛 3~5 棵	20~30	16 丛/m²
花蔺	每丛 5~8 棵	15~25	16 丛/m²
再力花	5 芽以内/株	15~25	25 株/m²
龙须眼子菜	每丛 3~5 棵	15~25	16 株/m²

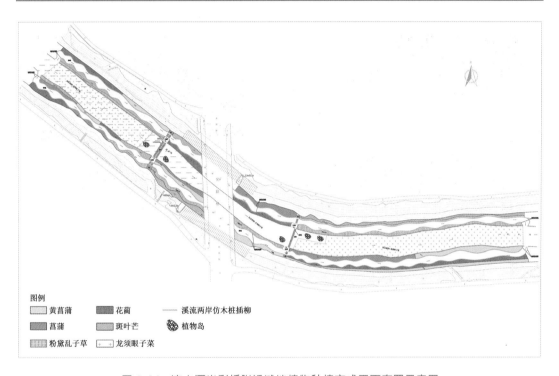

图 5.36 凉水河光彩桥附近滩地植物种植方式平面布置示意图

河道内构建植物岛，参照植物扦插护岸形式，以活柳捆扎成排构建植物岛轮廓，根据河道水位，将活柳桩的 2/3 打入河底，其余部分需露出水面 10~20cm，柳桩外部点缀放置自然石块，柳桩内圈压入柳条，之后往内部填土构建植物岛，种植黄花鸢尾等植物。

构建植物岛 5 个，每个植物岛需要活柳桩（直径 5cm 左右，可根据现场情况进行调整）400 个左右。植物岛构建需要活柳桩约 2000 个，枝条捆约 4000 个。自然石块约需要 24m³（卵石或假山石，每个植物岛 4m³ 左右，规格 60~80cm 左右）。

2. 马草河、旱河入凉水河河口湿地构建

不同水深对鱼类起着不同的生态功能，深潭能够为深水鱼类提供索饵场、产卵场及越冬场，浅水区是水生植物的主要生长场所，能够为鱼类提供食物源，浅滩区或水草丛生或浅水卵石滩，是草上产卵型与砾石产卵型鱼类的理想产卵场，如鲤亚科、鉤亚科及麦穗鱼等，同时水草环境或沿岸的乔灌木可为鱼类提供大量的庇荫区。

凉水河河道前期已经构建了多个深潭区域，此次将针对浅水区和浅滩区，进行鱼类生境的改善工作。

南三环—南苑路河段，可利用滩地面积约 23000m²，具体开展的工作包括：浅水湾构建、河口卵石床构建、河岸鱼类栖息地改造、亲水石块护岸和植物优化。所用工作均不得改变原有河道过流断面，在现有断面基础上，进行疏挖替换卵石等材料，不影响河道行洪条件。

（1）浅水湾。

对现有滩地改造，构建浅水湾，抛石并种植沉水植物，改善生境，如图 5.37 所示。

图 5.37　马草河、旱河入凉水河河口浅水湾示意图

南三环—南苑路河段共构建浅水湾 30 个，河段长约 1700m，单侧布置 15 个浅水湾，即间隔约 110m，根据滩地实际情况，调整间距。

浅水湾构建形式分两种，闭合式和连通式，如图 5.38 所示。单个浅水湾，平均直径 5m 左右，滩地下挖约 1.5m，抛石（直径 10cm 左右卵石，2m³ 左右，0.5m³ 的大石块堆放 3m³ 左右），根据滩地宽度调整浅水湾形状、大小。在浅水湾种栽植沉水植物苦草、金鱼藻等，密度为 5～10 丛/m²，不少于 3 株/丛。

图 5.38　马草河、旱河入凉水河河口浅水湾构建形式示意图

（2）河口卵石床。

马草河河口和旱河河口，构建河口卵石床，河口处密集布置大粒径卵石，形成接触氧化环境，同时也构造出缓流区域，改善生境，如图 5.39 所示。

河口卵石床构建面积约 690m²，深20cm，选择卵石粒径为 5～10cm。

（3）河岸鱼类栖息地。

在滩地近水侧，疏挖已有滩地，回填卵石等大石块，如图 5.40 所示增加河岸亲水面积，为鱼类创造栖息环境。

共改造 10 处，两岸各 5 处，尺寸为

图 5.39 马草河、旱河入凉水河
河口卵石床示意图

平均直径约 5m 的半圆形，疏挖深度为 1m，填充卵石直径 20～30cm，上游迎水面以 2m³大石块挡水，根据滩地情况，适当变化改造形状，使之更接近自然环境。

图 5.40 马草河、旱河入凉水河河口河岸鱼类栖息地

（4）亲水石块护岸。

河岸亲水石块护岸，一定程度上改变河岸附近的水体流态，为鱼类等创造栖息环境。

亲水石块护岸，在河道两岸各布置 340m 左右，滩地近水侧布置 0.3～0.5m 宽，形式如图 5.41 所示。大石块体积约 0.5m³，小石块直径 20～30cm。

（5）植物优化。

河道内现有部分沉水植物，对其进行补种，面积约 4000m²，补种篦齿眼子菜、轮叶黑藻、金鱼藻等现有物种，增加其覆盖度，改善鱼类生境。种植密度为 15～20 丛/m²，3～5 芽/丛。

以黄菖蒲、再力花等挺水植物为主补种滩地植物，补种面积约 4600m²，如图 5.42 所示。黄菖蒲种植密度为 10 丛/m²，3～5 芽/丛；再力花单位面积株数为 25 株/m²，5 芽/株以内。近水侧种植再力花，滩地上种植黄菖蒲，黄菖蒲与再力花种植比例约 4:1。选择合适位置（如大红门附近前期构建的河心洲），构建岛中湖（内部浅滩），抛石并种植沉水植物，为幼鱼提供良好的隐蔽条件，根据现场实际条件，调整浅滩构建形式。

图 5.41 马草河、旱河入凉水河河口亲水石块护岸

滩地植物优化

图 5.42 马草河、旱河入凉水河河口植物优化

3. 小龙河入凉水河河口滩地构建

小龙河河口上下游滩地可利用空间较小，上游 200m，下游 500m，可利用滩地面积约为 5000m²。

小龙河河口上下游滩地可利用空间较小，因此在滩地仅进行植物优化。小龙河河口上下游人口密度相对较低，尝试在此处岸坡进行果树等植物的补种（目前无果树），优化鸟类生境。同时，在河岸边缘构建小型表流湿地群。

（1）滩地植物优化。

以黄菖蒲、再力花等挺水植物为主补种滩地植物，种植面积约 3000m²，如图 5.43 所示。黄菖蒲种植密度为 10 丛/m²，3～5 芽/丛；再力花单位面积株数为 25 株/m²，5 芽/株以内。近水侧种植再力花，滩地上种植黄菖蒲，黄菖蒲与再力花种植比例约 4∶1。

（2）岸坡果树补种。

在小龙河河口上下游岸坡上，补种果树苗木，搭配种植海棠、柿子等鸟类喜爱觅食的树种，约种植 100 棵土球苗木。海棠树、柿子树各种植约 50 棵。可根据现场实际情况，调整果树具体品种、数量，工程量以最终种植品种、数量计，如图 5.44 所示。

图 5.43　小龙河入凉水河河口滩地植物优化

图 5.44　小龙河入凉水河河口岸坡果树补种

（3）小型表流湿地群构建。

构建小型表流湿地群，美化景观，优化鱼类、水鸟等生境条件，如图 5.45 所示。

改造现有河岸近水侧，构建过水表流湿地，每块表流湿地面积为 $5\sim10\text{m}^2$，纵深为 0.5m，两岸各 8 块，共布置 16 块。小型表流湿地群种植植物为再力花和黄花鸢尾，其中，再力花单位面积株数为 25 株/m^2，5 芽/株以内。黄花鸢尾种植密度为 25 丛/m^2，$2\sim3$ 芽/丛。再力花与黄花鸢尾种植比例约 1:1。

4. 光彩桥桥底及红寺桥下游河道

为改善光彩桥桥底生态环境，增强景观效果，结合现场环境，种植耐涝耐荫的地被植物紫花地丁，种植面积共计 1182m^2。红寺桥下游河道，为增加其生物多样性，在河道中点缀种植挺水植物再力花，共计 28m^2。如图 5.46 所示，紫花地丁株高或蓬径：$4\sim13\text{cm}$，单位面积株数：25 株/m^2；再力花单位面积株数：25 株/m^2，5 芽/株以内。

光彩桥段，种植区域在光彩桥桥下，该区域常年处于阴暗的环境中，基本无光照；特

构建岸边小型表流湿地群

图 5.45　小龙河入凉水河河口小型表流湿地群构建

图 5.46　光彩桥桥底及红寺桥下游河道紫花地丁

选择耐荫耐寒的多年生草本植物紫花地丁为主要种植品种。紫花地丁为多年生草本，无地上茎，高 4～13cm，果期高达 20 余 cm。花中等大，紫堇色或淡紫色，稀呈白色，喉部色较淡并带有紫色条纹。紫花地丁耐荫也耐寒，不择土壤，适应性极强，繁殖容易；花期为 3 月中旬至 5 月中旬。盛花期 25 天左右，单花开花持续 6 天，开花至种子成熟 30 天。9 月下旬会有少量的花出现。

紫花地丁花期早且集中；植株低矮，生长整齐，株丛紧密。紫花地丁返青早、观赏性高、适应性强，有适度自播能力，可大面积群植。

光彩桥段种植紫花地丁前期，需整理地块，清理杂物碎石，平整土体，保证种植区域内有效土层厚度在 15cm 以上。河道左岸滩地种植区域面积为 552km²，河道右岸滩地种植区域面积为 630km²，共计 1182km²。

红寺桥段挺水植物种植，植物品种为再力花，种植区域如图 5.47 所示。在河道中点缀种植，再力花以混凝土管做基础，管中填土种植再力花；预制钢筋混凝土管尺寸直径为 1000mm，上沿高出河底 10～15cm 且低于水面，下沿埋深河底 20～25cm，并进行加固处理；每个混凝土管长度为 35cm，每四个为一组，共计 9 组。

图 5.47 红寺桥下游再力花种植区域示意图

5.6.1.3 主要成效

凉水河生境构建的实施，有利于改善和保持凉水河的水生态水环境质量，提升河道的景观效果，为沿线居民提供了良好的休闲场所，造福社会，提高了沿线周边居民的生活质量，保障沿线周边居民的身体健康，提高人民群众对政府的满意度，具有较为显著的社会效益。如图 5.48 和图 5.49 所示。

图 5.48 光彩桥下游湿地工程实施前（左）
和实施后（右）实景照片

通过日常维护措施，在一定程度上缓解凉水河水体富营养化程度，改善河道水体的感官效果，将有显著的环境效益。

凉水河光彩桥—红寺桥河道湿地工程，偏向景观型湿地，为河道周边居民提供了较好的休憩场地，同时，一定程度上改善了河道生境条件。但由于水生植物具有较大的地域特点，因此，在其他类似工程中，建议选择本地物种，以保障其存活率。在河道湿地构建过程，若工程投资允许，在不影响工程进度的条件下，可考虑更换河滩地土壤，部分替换为功能滤料，以增强河道湿地的净水效果。

图 5.49　红寺桥下游湿地工程实施前（左）
和实施后（右）实景照片

5.6.2　北土城沟生境构建

5.6.2.1　基本情况

北土城沟位于地铁 10 号线南侧，西起学知桥，东至芍药居桥。河道水体流速一般不超过 0.2m/s，汛期排洪时可达 0.5m/s 以上，水深 0.3～1.2m 不等；补水水源为再生水，除总氮外，其余水质理化指标基本满足地表水Ⅳ类标准要求，总氮浓度在 10mg/L 左右，水体透明度均可见底；其河道驳岸、河底已全部完成硬质渠化，形成了三面光的形态，均为直墙式河道，非汛期河道局部底质主要由淤泥及浮游动植物残体组成，3～5cm 厚，汛期存在淤泥冲刷风险。

北土城沟月平均水温为 5～28℃，基本无结冰时期，水深未超过 1.5m，未产生温跃层，水面表层与底层温差不大。北土城沟水生植物仅存在少量沉水植物，覆盖度低于 5％，主要为穗花狐尾藻。北土城沟丝状藻类在每年 3—10 月存在大量着生丝状藻，主要为水绵及刚毛藻，在城市河道中与沉水植物占据相同的生态位，两者呈现竞争关系。从浮游植物种类数上看，北土城沟浮游植物中绿藻门和硅藻门占优势，从浮游植物种类的时间变化看，随着气温的增加，水体中浮游植物种类明显增加。浮游动物种类以原生动物、轮虫类、枝角类、桡足类为主，原生动物、轮虫类为优势种。底栖动物在开展示范前，底栖动物种类耐污情况处于中度水平，以软体动物种类最多，中污种和耐污种占多数，无清洁种。鱼类仅发现泥鳅、鲫鱼等耐污种鱼类，未发现水鸟。

5.6.2.2　主要措施

针对北土城沟生物多样性差、刚毛藻过量繁殖等主要问题，我们提出了基于微生境构建技术的河道生态系统织补修复方案，并进行了示范及成果跟踪监测。

示范地点有三处，分别位于土城沟河道管理所上游、裕民中路桥下游、土城公园九号门上游，如图 5.50 所示。每处示范点长度约 200m，措施包括：生态跌水、卵砾（块）石—水生植物边滩、卵砾石群—水生植物生态岛、毛竹鱼巢及水生动植物多样性配置五大项，示范措施面积不超过河道面积的 10％。三处示范点直接成本约 7 万元，示范建成后汛期监测到最大流速 0.5m/s，示范措施未损毁。

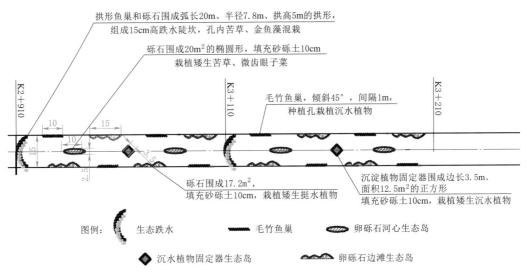

拱形鱼巢和砾石围成弧长20m、半径7.8m、拱高5m的拱形，
组成15cm高跌水陡坎，孔内苦草、金鱼藻混栽

砾石围成20m²的椭圆形，填充砂砾土10cm
栽植矮生苦草、微齿眼子菜

毛竹鱼巢，倾斜45°，间隔1m，
种植孔栽植沉水植物

K2+910

K3+110

K3+210

砾石围成17.2m²，
填充砂砾土10cm，栽植矮生挺水植物

沉淀植物固定器围成边长3.5m、
面积12.5m²的正方形
填充砂砾土10cm，栽植矮生沉水植物

图例：　　■ 生态跌水　　—— 毛竹鱼巢　　卵砾石河心生态岛

◆ 沉水植物固定器生态岛　　卵砾石边滩生态岛

图 5.50　北土城沟生态修复措施典型断面布置图

1. 生态跌水

生态跌水是利用天然材料在小型河流上建造的跨河微生境，其功能是创造异质性强的地貌特征，形成多样的水力学条件，改善鱼类和其他水生生物栖息地。此外，跌水还具有减轻水流冲刷，保护岸坡的功能。

跌水的设计以自然溪流的跌水—深潭为模板。采用原因如下：一是跌水—深潭具有曝气作用，可有效增加水体的溶解氧；二是通过跌水—深潭的水流受到强烈扰动，具有显著的效能作用；三是跌水—深潭形成多样的水力学条件，能够满足不同生物的需求，比如，跌水—深潭的固体表面有利于苔藓、地衣、藻类等生长，这些自养生物作为初级生产者为异养生物提供食物。

如图 5.51 所示，跌水的高度不应超过 30cm，砾石粒径不超过 15～25cm，其原因是为了保障鱼类的顺利通过；构筑跌水的生态材料包括块石、卵砾石、毛竹、原木等，可采用扁铁焊压，尽量光滑。跌水后形成的深潭生境是无脊椎动物和鱼类的理想避难所。

该生态跌水的先进性在于：①上游的静水区和下游的深潭区有利于有机质的沉淀，为无脊椎动物提供营养；②增加了跌水下游岸滨缓流区，有助于鱼类、底栖等生物的滞留，为鱼类提供了避难所；③多样的水力学条件为水生动物产卵提供了基础；④当水量

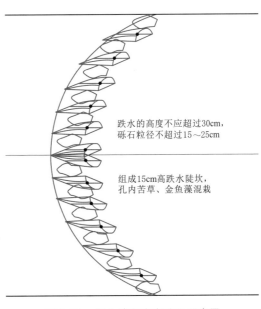

跌水的高度不应超过30cm，
砾石粒径不超过15～25cm

组成15cm高跌水陡坎，
孔内苦草、金鱼藻混栽

图 5.51　北土城沟生态跌水示意图

偏少时，跌水能够束窄水流，以保证生物存活的最低水深。

2. 卵砾（块）石—水生植物浅水边滩

传统意义上的丁坝是防洪护岸构筑物。挑流丁坝能够改变水流方向，防止水流直接冲刷岸坡造成破坏。在生态修复工程中，卵砾（块）石—水生植物浅水边滩替代传统的丁坝，成为河道内栖息地加强工程的重要微生境。除了原有的功能之外，卵砾（块）石—水生植物浅水边滩能够调节水流的流速和水深，增加水力学条件的多样性，创造多样化的空间异质性，促进蜿蜒河型塑造，营造边滩微生境。

卵砾（块）石—水生植物浅水边滩一般布置在河道纵坡较缓、河道较宽的河段。通常沿河道两岸交错布置，也可以成对布置在顺直河段的两岸。卵砾（块）石—水生植物浅水边滩没有严格的设计通用标准，唯一需要注意的是浅水边滩的布置不能导致河道防洪等级降低。

一般生态工程中的卵砾（块）石—水生植物浅水边滩材料分为木库—块石边滩、块石边滩等，本工程率先提出了卵砾（块）石—水生植物组成浅水边滩，通过应用卵砾石围成岸边浅滩，填充砂砾土 10m，栽植挺水植物（小香蒲、爬苇、鸢尾等耐洪水矮生植物），形成卵砾（块）石—水生植物浅水边滩生境结构。浅水边滩的长度一般在河宽的 1/10 以内，卵石的高度一般不超过设计洪水流量对应水深的 30%，浅水边滩的间隔一般为浅水边滩长度的 2~4 倍，如图 5.52 所示。

长度一般在河宽的十分之一以内，卵石的高度一般不超过
设计洪水流量对应水深的30%，间隔一般为长度的2~4倍

图 5.52　卵砾（块）石—水生植物边滩示意图

该技术的先进性在于：①洪水期，减缓流速，为水生动物提供避难所，平时能够形成静水或低流速区域，创造丰富的流态；②浅水边滩位置的空间变化，使空间斑块更加丰富多样，为提高生物多样性和食物网结构功能创造了条件；③水生植物尤其是挺水植物更加生态，对吸引水鸟避难、产卵、越冬、索饵创造了有利条件；④水生植物在洪水来时倾倒，洪水过后恢复，降低了浅水边滩对行洪造成的影响，同时也保证了生境结构的稳定；⑤水生植物的栽植也有利于控制水体富营养化。

3. 卵砾石群—水生植物生态岛

卵砾石群是最常见的河道内遮蔽物。水流通过卵砾石群时，受到扰动，消耗能量，使河段局部流速下降，卵砾石周围形成冲坑。在河道内布置的单块卵砾石或卵砾石群有助于创建具有多样性特征的水深、地质和流速条件。

在设计过程中，既要考虑卵砾石群的抗冲性，也要考虑卵砾石群对河道行洪的影响，在北京中心城区河道，一般选取粒径范围 15~30cm 的卵砾石；卵砾石群—水生植物生态岛由卵砾石及水生植物组成，用卵砾石围成三角形、箭头形、钻石形，弧度不小于 40°，在其内部或下游侧铺设砂砾料，其上栽植沉水或挺水植物，挺水植物选用抗洪性较好的鸢尾、小芦苇等。如图 5.53 所示。

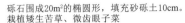
砾石围成20m²的椭圆形，填充砂砾土10cm。
栽植矮生苦草、微齿眼子菜

图 5.53　卵砾（块）石—水生植物生态岛示意图

该技术的先进性在于：①进一步促进河道构建了多样的空间异质性，有助于形成多样的水深、地质、流速条件，促进了溶解氧的增加；②为水生昆虫、鱼类、底栖动物、两栖动物、哺乳动物和水鸟提供了良好的避难所及栖息地；③卵砾石保证了挺水植物不受过快的水流冲击，挺水植物的栽植对抑制藻类生长、为水生动物提供空间生态位提供了保障。

4. 毛竹微生境

微生境由毛竹加工，呈圆柱形，空心，长 1m，外径 15cm，内部局部竹节填充砂石，保障整体不漂浮，在河道中顺水流方向倾斜一定角度设置，一般取 30°～45°，部分竹节为鱼类等野生动物提供栖息空间。鱼巢中间挖 4 个种植孔，每个孔径 3cm，可种植水生植物，鱼巢两端采用扁铁固定。如图 5.54 所示。

该技术的先进性在于：①为底栖和鱼类提供了良好的遮阴环境，也是优秀的避难所及栖息地，为生物多样性与生境结构的稳定性提升提供了保障；②毛竹相对于原木不易腐烂，选用毛竹进一步提升了材料的使用寿命。

5. 水生动植物综合配置

水生植物布设以沉水植物和挺水植物为主，主要栽植在卵砾（块）石边滩及生态岛内，在水深大于 0.5m 的区域以沉水植物为主，水深小于 0.5m 的区域以挺水植物为主。

毛竹鱼巢
种植孔3cm
15cm
100cm

图 5.54　毛竹微生境示意图

沉水植物群落是河道内水生动物产卵、索饵、避难、遮阴的重要栖息空间。"三面光"城市河道虽然不利沉水植物生长，但在洪水流速不大、存在局部淤积区的河段，只要维持 3～6cm 黏性底泥，仍能保障一定量的沉水植物生长。因此，"三面光"的城市河道仍具有较好的生态修复潜力，可结合水动力条件模拟评估，通过布设适宜的黏土基质区，营造沉水植物生长环境。同时结合不同河段水温、光照、营养条件，研究配置微齿眼子菜、苦草、黑藻等低生物量的沉水植物品种，按照 15～25 丛/m² 的原则进行布设。

挺水植物布设原则与沉水植物相同，草种选用小芦苇、鸢尾等抗洪性较好、管理方便的物种，布设密度参照沉水植物，15～25 丛/m²。

水生动物的配置主要是通过投放圆田螺、背角无齿蚌、黑壳虾等抑制蓝藻水华及丝状藻类暴发。圆田螺、背角无齿蚌投放密度 $10\sim20g/m^3$，黑壳虾投放密度不小于 $20g/m^3$。

5.6.2.3 主要成效

2022 年在北土城沟生态系统复苏示范完成后，多次进行了现场巡查，并针对丝状藻类、底栖动物、鱼类、水鸟进行了监测，分析了水土保持保持措施的实施效果。

1. 刚毛藻生物量显著降低

北土城沟水体透明度高、氮磷营养盐含量适宜，为刚毛藻生长提供了良好条件，监测显示，在示范试验开展前，三处示范点位刚毛藻盖度为 $50\%\sim70\%$，沉水植物盖度不到 20%，刚毛藻的过量生长严重影响水生植物、底栖及鱼类等水生动物的生长。在示范后，河道管理所上游示范点（水深 1.0m 左右），措施内的刚毛藻盖度基本降至 20% 以下，后两处示范点（水深小于 35cm），其刚毛藻盖度基本与沉水植物持平，分别约 40%，生物量得到有效控制。

2. 生境多样性提升效果明显

北土城沟已实现 100% 的渠化和硬质护砌，断面单一，河形平顺，河槽光滑。本次示范，通过生态跌水、卵砾（块）石—水生植物边滩、卵砾石群—水生植物生态岛河心滩、毛竹鱼巢四项微生境构建措施，如图 5.55～图 5.57 所示，形成了辫型河槽、多样的河滨带、浅滩、深潭、跌水、卵砾石、水生植物簇、沉水植物群、竹制鱼巢等多样化的生境条件，对底栖动物、鱼类提供了良好的栖息地环境，有效提升了生境多样性。

图 5.55 北土城沟生态跌水　　　　图 5.56 北土城沟毛竹鱼巢

3. 生物多样性逐步提升

开展示范前，3 处示范点位底栖动物监测结果显示，底栖动物由 4 大类 13 种组成，中污种有 7 种，耐污种有 6 种，Shannon - Wiener 多样性指数不到 2，未发现清洁类；鱼类仅发现了少量泥鳅；无水鸟。示范后，在跌水、卵砾石群后发现了大量河蚌停留，Shannon - Wiener 多样性指数接近 3，同时发现米虾、四节蜉等清洁类底栖动物，在挑流

图 5.57　卵砾（块）石—水生植物浅水边滩

丁坝后发现了鱼群聚集（图 5.58），出现健康水体指示鱼种——鳑鲏，同时观测记录到 80 只以上的绿头鸭（图 5.59）在措施附近停留、觅食、休憩，且包括大量今年繁殖的个体，河道生物多样性和食物网结构显著提高。

图 5.58　北土城沟的鱼群聚集

5.6.3　推广价值及建议

5.6.3.1　基于多目标的河道水资源配置与水生态调控技术研究

　　兼顾生态保护的河道水资源配置是河流生态修复中重要的非工程技术措施，其核心是通过改善传统的河道水资源调度方式，在满足防洪的基础上，兼顾河流生态系统对水文情势的基本需求，实现多目标的河道水资源配置与水生态调控。这里有自然循环和社会循环目标导向的问题，需要确定一个目标体系，一是要保障符合北京主体功能定位的水资源有效利用，二是要实现主体功能之外的水资源利用效率最大化，三是要保障生态的均衡性或者最大化。

图 5.59　北土城沟的绿头鸭群

5.6.3.2　河湖水系连通的需要

北京市拥有圆明园、颐和园、什刹海、沙河湿地公园、温榆河公园等多处湿地公园，北京市河湖水系具备连通的可能性，依托现有湖泊打造生态节点，连通河流湿地，形成平原流域生态网，对平原流域生态环境质量提升具有重要意义。

5.6.3.3　城市河道水生态服务功能价值提升

参照《北京水生态服务功能价值》（孟庆义、欧阳志云等著），水生态系统服务价值包括产品、调节、支持、服务四大类，20 小项功能价值。建议针对城市河道水生态服务功能价值提升提出更具针对性的保护与修复措施，提升城市河道水生态服务功能价值。

第6章

城市水环境与水生态智慧化协同管控

城市河湖水系的水环境与水生态治理除了采用工程措施外，还需要借助智慧化手段对径流产生的全过程进行协同管控。对于源头径流减控设施，可通过海绵城市管控平台进行智慧化管控；对于雨水管网等排水系统，需借助智慧水务系统的建设构建智慧排水系统；对于水体自身的管控，需要构建智慧化的水生态监测系统。鉴于排水管网、污水处理与再生水厂、河道在排水系统中的紧密关联性，需要建立厂网河一体化调控的体系。

6.1 海绵城市智慧化管理平台

海绵城市建设是源头减控面源污染、提升水环境与水生态质量的重要措施。北京市已在全域系统开展了海绵城市建设，在3000多个排水分区建成了上万处源头海绵设施。为管理好不断增加的海绵设施资产，支撑开展全市的海绵城市效果评估，在智慧水务顶层设计框架下，北京市开发了海绵城市管理平台，并实现了业务化试运行，促进了海绵城市"规划—建设—监测—模拟—评估—管理"一体化发展，提升了高效化、精细化管理水平。

6.1.1 管理平台的框架结构

海绵城市管理平台整体结构分采集层、数据层、数据仓库、应用层四层，其中采集层定义了数据的四种来源方式，数据层说明了数据的存储方式及结构划分，数据仓库用于支持管理决策，应用层说明了数据的用途及使用方式。为了保障平台高效稳定运行，各层制定了相应的维护保障措施。海绵城市管理平台框架结构如图6.1所示。

建成后的管理平台以提升北京市海绵城市智慧化管理水平为目标，以服务市、区两级海绵城市管理人员为核心，面向政府、企业、公众三端，践行"开放、共享、协同、智慧"四大理念，具备成效展示、资产管理、监测评估、绩效考核与市区联动五项主要功能。海绵城市智慧化管理平台定位如图6.2所示，"北京市海绵城市管理平台"登录页面如图6.3所示。

6.1.2 功能实现

6.1.2.1 建设成效动态展示

践行"开放"理念，管理平台可实现在一张图上展示全市海绵城市建设情况（图6.4）。模块以分区展示方式，左侧展示国家不同阶段考核目标、市区两级海绵城市建

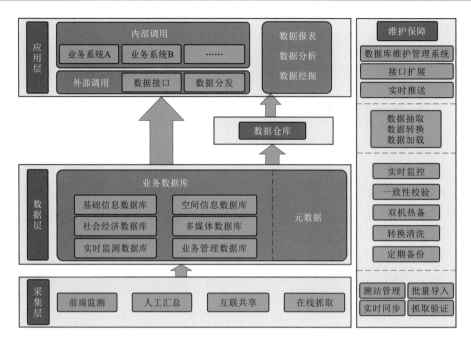

图 6.1 海绵城市管理平台框架结构图

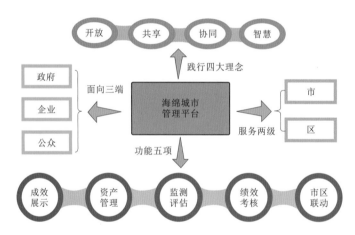

图 6.2 海绵城市智慧化管理平台定位示意图

图 6.3 "北京市海绵城市
管理平台"登录页面

设年度达标面积及比例；右侧展示全市海绵城市建设项目数量、状态、类型以及占比，海绵设施的数量、类型、规模；中间区域展示全市建成区排水分区以及达标排水分区的空间位置及数量，海绵城市建设项目的位置。展示信息面向"政""企""社"开放，"政"包括行业主管部门住建部和水利部，市领导、市水务局及其他委办局，区级海绵城市管理人员；"企"指城市排水运维企业；"社"指社会公众。

该模块重点在于展示北京海绵城市建设进展及成

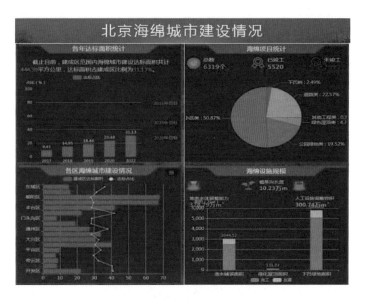

图 6.4 海绵城市建设成效展示界面

效，助力海绵城市管理与决策，协同企业开展排水管理与运维，回应公众关切。

6.1.2.2 海绵资产数据库管理查询

践行"共享"理念，依托"区级填报—市级汇总—抽样校核—整理入库—分级使用"的模式，逐步将前期分散于全市 17 个区（含北京经济技术开发区）的 4333 处海绵建设项目汇总并经数字化处理，形成包含全市建成区及 1624 个排水分区的边界矢量信息、下垫面类型及空间分布信息。海绵资产数据库构建内容覆盖建筑小区、公园绿地、道路、下凹桥区、河湖水体等 5 种类型，涵盖下凹绿地、透水铺装、绿化屋顶、调蓄池、环保型雨水口、人工湖等 6 类海绵设施的海绵城市资产库和矢量资产库，实现了所有建设项目名称、位置、建设状态、项目类型、占地面积以及所包含的海绵设施等六大类信息的关联，并根据海绵城市建设效果年度评估工作实现动态更新。借助平台可实现分区的海绵城市建设项目及海绵设施类型、规模的统计、查询，以支撑市、区两级海绵城市建设管理。

基于平台资产统计结果使 2014 年至今的海绵城市建设项目推进情况、海绵源头设施资产情况清晰化。截至 2022 年底，全市共完成海绵建设项目 5520 项，其中建筑小区、公园绿地和城市道路三类项目占比分别达 45.17%、19.80% 和 18.53%；源头海绵设施以透水铺装、下凹式绿地、雨水调蓄设施为主，建设规模分别达 3044.53 万 m^2、5804.02 万 m^2 和 629.54 万 m^3。

6.1.2.3 海绵监测数据耦合分析

践行"协同"理念，针对市、区两级海绵城市建设效果考核要求，采用"协同与自建相结合，以协同为主"的建设模式构建海绵城市信息感知端。对于降雨雨情等非独有信息，通过智慧水务基础数据库获取。对于海绵专有数据，布设"设施—项目—排水分区"不同空间尺度下的监测设施，掌握流量及水质规律；在 6 个典型排水区域布设了 32 处流量及水质监测点，监测数据以每 5 分钟一次的频率实时传输至平台。同时，平台具备场次降雨海绵效益分析简报模式化功能，以支撑海绵城市建设对场次降雨过程径流总量控制和面源污染削减的成效分析，如图 6.5 所示。

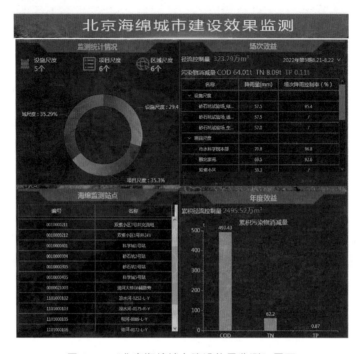

图 6.5　"北京海绵城市建设效果监测"界面

平台共汇集了 2019—2022 年 4 个年度的汛期监测数据，支撑了共计 26 个场次降雨的海绵效益及两个年度的海绵城市成效评价。

6.1.2.4　关键指标模拟计算

基于海绵城市建设成效年度评估要求，践行"智慧"理念，将程序繁杂的考核工作，以及各类建设项目、各类源头设施的建设时间、完成情况、设施规模、空间分布等 20 余项信息浓缩成一套表格；设置空间位置耦合功能，可以实现经纬度信息或地图点选的多种填报方式，并实现地理信息与项目信息的自动耦合。

以高效评估为目标，平台内集成基于数值模拟、多元回归等方式构建的五大参数海绵城市年径流总量控制率指标核算方法，可实现设施规模和下垫面类型信息分区耦合，自动核算评估结果。平台投入运行前后海绵城市年度考核的流程对比如图 6.6 所示，借助该平台可简化原有流程，提高工作效率。

6.1.2.5　市、区两级信息互通共享

以服务市、区两级海绵城市建设管理为目标，平台布设了市、区联动功能。各区可以查看全市海绵城市建设基本情况以及本区海绵城市在全市的排位，具备海绵项目数字信息和矢量文件上报功能，实现区级信息及时上报、更新。平台内置填报信息自动校准审核功能，针对上报项目重复、坐标缺失或者错误的问题，提供错误提醒功能，确保信息上报完整准确，提升了市级管理部门的审核效率。经市级部门审核通过后的项目，平台自动将所有信息汇总、整编、入库，同步至"海绵城市建设情况"一张图中。

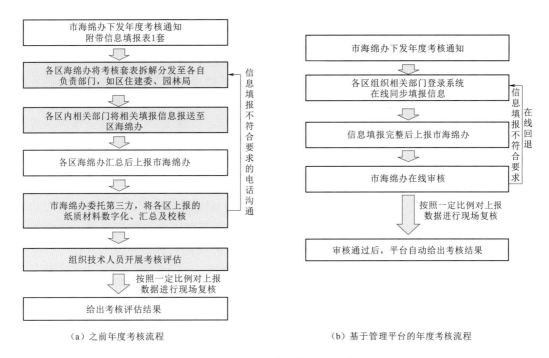

（a）之前年度考核流程　　　　　　　　（b）基于管理平台的年度考核流程

图 6.6　年度考核的流程前后对比

注：灰色框图是平台运行后简化的步骤。

联动功能模块，保障了市、区两级海绵城市建设基础信息的双向互通和项目资产库的同步更新，有效消除了信息孤岛。

6.1.3　应用成效

6.1.3.1　支撑全市海绵城市建设成效自评估

自 2021 年海绵城市智慧化管理平台建成并上线运行以来，北京海绵城市建设管理水平得到了极大提升。海绵城市管理系统已成为北京市对外展示海绵城市建设成效的窗口和海绵城市管理部门日常工作开展的有效抓手，支撑完成了 2021 年和 2022 年全市海绵城市建设成效评估工作。

依托海绵城市智慧化管理平台，全市完成了海绵城市建设信息上报—校核—评估全流程，量化了 2014 年至 2022 年 12 月共 5520 项海绵建设项目的类型和时空分布特征，耦合了海绵项目设施信息、下垫面类型信息，明晰了全市建成区范围内"大、小"尺度海绵设施的规模。"大海绵"尺度方面，全市建成区内绿地、天然水体等可渗透地表面积合计619.80km²，占比约 43.42%；各区可渗透性面积占比为 26.3%～70.52%。"小海绵"尺度方面，源头减排设施以透水铺装、下凹式绿地和雨水调蓄设施为主，建有透水铺装面积3044.53 万 m²，下凹式绿地面积 5804.02 万 m²，人工雨水调蓄设施容积为 300.74 万 m³。

利用管理平台进行海绵城市建设成效评估，量化海绵城市建设对控制径流总量、污染物削减总量的成效，助力市、区两级海绵城市工作的推进。截至 2022 年，全市海绵城市建设达标面积 444.39km²，占建成区比例 31.13%；较上年度提升 5.57%。基于平台量化

2022 年汛期不同空间尺度下径流减控和面源削减效果，全市控制径流量为 5185.9 万 m³；COD、TN、TP 等污染物削减总量分别达 1047.2t、131.84t 和 1.88t。

6.1.3.2　支撑全市海绵城市建设工作部署决策

北京市海绵城市管理平台的上线运行，有效提升了精细化管理水平。基于平台具备的成效展示、资产管理、监测评估、绩效考核与市区联动 5 项主要功能，精准定位市区两级海绵城市建设的下一阶段突进的目标、要点和重点区域，支撑了 2022 年度全市海绵城市建设联席会议的召开，促进了监管部门对海绵城市建设科学化、合理化工作部署的推进落实。

6.1.3.3　助力区级海绵城市管理工作效率提升和信息通畅

管理平台汇总了北京市自 20 世纪 90 年代开展雨水利用工作以来的所有海绵城市相关基础数据，积累了宝贵的数据资产，也为区级海绵城市管理工作提供了渠道。目前全市 16 个区和北京经济技术开发区涉及海绵城市建设的相关填报、评估、信息获取等各项工作全部依托于海绵城市智慧化管理平台，实现了信息互通、公开透明，成为市、区两级海绵城市建设管理工作间高效、畅通、稳定的沟通纽带。

6.2　水生态环境智慧监测技术

水生态环境监测是水生态环境保障与提升的基础。实时、长时间序列水生态数据的缺乏，不能满足生态环境治理体系和治理能力现代化发展的要求。人工智能（Artificial intelligence，AI）技术的不断发展，为水生态智慧监测新格局的构建提供了技术路径。基于 AI 技术的水生态数据实时采集，为水生态系统评估评价、预测预警、决策响应提供了根本保障。

6.2.1　水生态环境监测现状

水生态环境监测是水生态系统管理和保护的基础。自 20 世纪初出现污水生物处理系统，将水体水质变化与生物群落联系起来之后，生物群落变化逐渐成为水体健康状态的指示方法。我国自 20 世纪 80 年代中期开始，大力发展水生态监测的研究与应用工作，水利部于 2010 年部署开展河湖健康评估工作，2020 年发布了《河湖健康评估技术导则》（SL/T 793—2020），通过水文完整性、化学完整性、形态结构完整性、生物完整性与社会服务功能可持续性 5 大类共计 27 项指标对河湖的健康状况进行评价。2013 年，环境保护部印发了《流域生态健康评估技术指南（试行）》（环办函〔2013〕320 号），从水域生态健康评估的生境结构、水生生物和生态压力及陆域生态健康评估的生态格局、生态功能和生态压力共计 6 大类 17 项指标评估流域生态健康。2020 年生态环境部发布了《河流水生态环境质量监测与评价技术指南（征求意见稿）》和《湖库水生态环境质量监测与评价技术指南（征求意见稿）》（环办标征函〔2020〕49 号），从水环境质量、物理生境、水生生物三方面评价水生态环境质量状况，规定了水生态环境质量评价的相关指数和计算方法及评价等级。近年来，北京市也相继发布了《水生生物调查技术规范》（DB11/T 1721—2020）、《水生态健康评价技术规范》（DB11/T 1722—2020）等相关技术规范，指导水生态监测评价工作的开展。水生态监测已成为生态文明思想落地开花的重要手段。

6.2.1.1　水生态环境监测要素

水生态环境监测是以水的循环规律为依据，以水的质和量及水体中影响生态与环境质量的各种人为和天然因素为对象的监测，具体监测内容包容水量、水质、水体生物、水体沉降物等，以达到统一的定时或随时监测的目的。常见的水生态环境监测体系包括生境指标、水质指标和生物指标三大类，根据监测对象（河流或湖泊），监测要素有所区分。

生境指标指水生态系统中的非生物环境指标，一般包括水文、河岸带环境、土地利用、水利工程、植被覆盖等因素。水质指标一般指水体常见理化指标。生物指标指生态系统中的生物学特性与相应参数，一般包括指示生物、物种组成、生物量、多样性指数等，监测范畴一般包括浮游生物、底栖生物、大型水生植物、鱼类等。

6.2.1.2　水生态环境监测方法

水生态环境监测一般采取常规监测和水质自动监测有机结合的方式。常规监测项目包括必测指标、选测指标、特定指标，如高锰酸盐指数、总磷、总氮、生化需氧量等，按《地表水环境质量标准》（GB 3838—2002）中规定的标准方法进行检测。

生物指标监测目前仍以传统的人工采样、显微镜镜检法进行种类鉴定和计数，采用称重法、体积法、经验公式法等估算生物量，其中浮游动物（枝角类、桡足类）有时需要通过解剖进行种类鉴定和特征分析。底栖动物监测采用镜检解剖和测量称重结合的方式。着生生物以藻类（硅藻）为主，通过烧片法制得样品后进行镜检鉴定计数。大型水生维管束植物主要以观测、调查为主，采集样品在室内进行鉴定分析、测量称重。

6.2.1.3　水生态环境评价方法

近几十年来，水生态监测与评价逐渐成为水环境研究领域的热点。英国、美国、欧盟、澳大利亚等相继提出标准化的技术方法，如1977年英国开发了河流无脊椎动物预测及分类系统（RIVPACS），于20世纪90年代建立了河流保护评价系统（SERCON），对河流、湖泊进行调查评价。美国于20世纪80年代开发了基于生物完整性指数（IBI）的快速生物评价规程（RBPs），针对溪流、小型和大型河流分别开发了评价方案。欧盟于2000年发布了《水框架指令》（WFD），应用于欧洲水生态评价中，并建立了欧盟评价体系，生成了模块化的特定河流类型评价系统。澳大利亚于20世纪末开发了基于河流无脊椎动物预测及分类系统的澳大利亚河流评价计划（Aus Riv AS），提出溪流状况指数（ISC）和流域健康诊断指标，应用于多个区域水生态评价。韩国于2003年开展了国家水生态监测计划（NAEMP），特别针对受干扰河流的恢复情况，进行了水生态评估研究。在评价标准规范中，美国做了大量研究并制定了系列水生生物评价标准规范，其中包括《溪流和河流快速评估方案——大型底栖动物和鱼类》（1989年）、《河流地貌指数方法》（1995年）、《溪流和浅河快速评估方案——着生藻类、大型底栖动物和鱼类（第二版）》（1999年）、《栖息地适宜性指数》（2000年）、《深水型（不可涉水）河流生物评价系统》（2006年）、《大型溪流河流生物评估的内容和方法》（2006年）和《国家河流和溪流评估现场操作手册（不可涉水）》（2018年）等。

我国水生态健康评价工作相较于发达国家起步较晚，主要研究集中在水生态健康评价方法、评价体系及评价的基础理论方面。自20世纪70年代起，我国学者开始尝试将生态学方法应用于水环境的监测与评价中,并对特定的生物类群以及特定水域做了大量工作,提出了以水生生物、水质、栖息地和生态需求作为四要素的水生态评价指标体系。目前,已经开展了重要河湖的水生态环境质量监测,积累了大量的监测数据,利用大型底栖动物、着生藻类、浮游植物、浮游动物、鱼类、水生维管束植物等水生生物的监测结果,进行了水生态健康评价。我国采用的水生态健康评价方法包括多参数法、生物指数法、多变量法、综合评价法等。

6.2.1.4　智慧水生态监测的现实需求

已有的水生态监测结果由于监测站点、指标不统一,频次不同步,时间不连续等问题,难以真实地反映水体生态状况,因此对监测数据的分析评价和综合运用严重不足。同时,水生态系统的复杂性进一步加大了大规模和大尺度水生态监测的难度,降低了监测效率。

随着通信技术、人工智能等技术的不断发展,水生态监测从数据获取、数据传输、数据处理到智慧化应用的技术链条已经基本建立,智能化监测和综合展示已经成为水生态环境的迫切需求。

6.2.2　基于 AI 识别的水生生物监测技术

6.2.2.1　水生生物 AI 识别技术

图像识别技术是人工智能的一个重要领域,是以图像主要特征的训练学习为基础,来识别各种不同模式目标类型的技术。基于 AI 识别的水生生物监测技术主要包括水生生物图像采集、图像数据库构建、图像识别算法研发和识别结果平台开发等内容。

水生生物图像采集根据生物个体的大小选取相应采集方式,其中浮游植物、浮游动物等水生生物由于个体较小,需要借助显微镜进行图像采集;而鱼类、大型底栖动物可直接借助水下摄像头进行图像采集。在图像采集与数据清洗后形成水生生物图像数据集,对数据逐一标注并划分训练集、测试集和验证集,分别进入图像识别算法中。图像识别算法基于卷积神经网络模型进行构建,主要包含卷积层、采样层、全连接层和输出层等。为满足对实时采集数据的计算和统计,采用算法速度较快的单阶段检测算法,其中 YOLO 是最具代表性的算法系列。经过算法识别,结果在平台中进行展示,如图 6.7 所示。

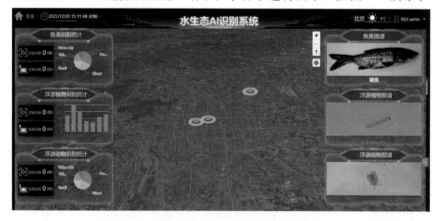

图 6.7　水生态 AI 识别系统

6.2.2.2 技术应用

基于 AI 识别的鱼类监测技术在北京市清河水体中进行了现场应用，如图 6.8～图 6.10 所示。鱼类 AI 监测技术的核心是鱼类图像实时采集传输系统和基于卷积神经网络模型的图像识别算法，将图像采集、识别算法开发与数据库构建进行了集成，具有实时性、连续性、定性与定量同步等优点，大幅降低了传统人工监测带来的随机性与不确定性，应用场景也更为广泛：一是应用于鱼类生活习性研究，由于鱼类 AI 监测技术具有 24h 不间断工作的特点，可以在鱼类栖息地实时采集鱼类活动和分布变化的图像，为鱼类生活习性规律的研究与分析提供关键数据；二是支撑水生生物多样性保护，鱼类 AI 监测技术可及时识别人工捕捞不宜获取的珍稀物种和外来物种，支撑水生态系统多样性保护工作开展，现场应用中监测到了宽鳍鱲、马口鱼、黑鳍鳈等水生动物；三是支撑水生态修复方案的制定与效果评估，鱼类 AI 监测技术可应用于水生态修复技术效果评估及修复方案制定。在鱼巢砖周边采用鱼类 AI 监测技术进行跟踪监测，通过采集的视频影像可以清晰直观地看到，淤泥制鱼巢砖为鱼类提供了良好的栖息场所。

图 6.8 鱼类 AI 监测技术应用现场图　　　　　图 6.9 鱼类 AI 监测技术识别的宽鳍鱲

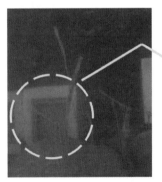

图 6.10 鱼类 AI 监测技术采集的鱼类在鱼巢砖内栖息

6.2.3 智慧水生态环境系统结构框架

基于 AI 识别的水生生物监测技术为智慧水生态环境感知层建设奠定了坚实基础，结合水文指标和水质指标，水生态监测关键指标可实现现场实时、自动监测。通过建立长序

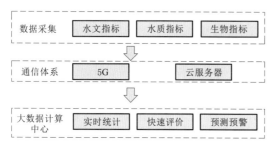

图 6.11　智慧水生态环境系统结构

列、高频次水生态数据集，能够及时识别水生态异常变化，同时将评价算法进行集成，可实现水生态监测与评价的实时、同步开展。智慧水生态环境系统结构如图 6.11 所示。

智慧水生态环境系统在智慧感知层的支撑下，进行水生态系统数据汇聚、实时分析、预测预警、决策调度，大力提升了水生态环境治理和管理智能化水平，助力水生态环境治理体系和治理能力现代化发展。

6.3　智慧排水管理方案

结合中央文件及新时代水利行业发展要求，水利信息化水平不断提升。《北京市"十四五"时期智慧城市发展行动纲要》（以下简称《行动纲要》）提出，将北京建设成为全球新型智慧城市标杆。《行动纲要》提出了六大主要任务，包括夯实智慧基础、便利城市生活、提高政务效能、促进数字经济发展、保障安全稳定、强化领域应用等。《北京市全面打赢城乡水环境治理歼灭战三年行动方案（2023—2025 年）》提出，加快排水设施智慧感知监测系统建设，完善排水设施地理信息系统，通过信息化手段，全面提升行业监管水平。智慧排水是城市智慧水务建设的重要组成部分，基于已建排水设施的智能化管理在实现城市智慧排水管理及决策中发挥着核心作用，对于提升排水管理业务监管能力、推进排水管理业务体系建设具有重要意义。面向新时期排水管理需求，排水管理工作亟须实现动态监测与多手段协同监管，不断完善排水业务监管体系及管理能力。

不同地区的智慧排水管理需要结合排水管理现状、业务短板及具体需求、历史建设系统整合等方面综合设计方案；需要针对地区排水业务特征，整合排水业务数据资源，以排水管理业务需求为主线，构建排水业务整合管理模式，提升排水设施监管能力，推进完善排水业务监管体系及精细化管理水平建设，为提高政务效能提供支撑。本书通过总结北京市排水业务现状，分析排水系统建设的业务需求，探讨智慧排水管理方案设计要点，为其他区域的城市智慧排水系统建设及管理方案设计提供参考。

6.3.1　排水管理现状

排水管理包括城镇排放的生活污水、降雨径流的雨水、合流溢流口排放的雨污合流水［参见《城镇排水与污水处理条例》（2013 年）］及农村地区排放的生活污水。随着北京市污水处理厂（再生水厂）的建设运营及排水管网的不断完善，对排水设施进行有效管理，提高运营管理水平，成为排水管理亟须解决的问题。以下结合排水设施、排水管网及管理方式手段进行整体现状分析。

6.3.1.1　排水管理手段

北京市实行集中与分散相结合的排水管理体制。中心城区由北京市水务局直管，具体以区域特许经营模式，授权北京城市排水集团负责中心城区污水处理和再生水利用相关工作，负责运营城六区的污水处理厂（再生水厂）、管网、泵站、污泥处理处置等排水设施，社会运营单位参与中心城区除北京城市排水集团所属以外污水处理厂、再生水厂的运营。其他区水务局承担本区排水管理具体工作，北京市水务局负责行业监督、指导。

中心城区以《城镇排水与污水处理条例》及特许经营服务协议为抓手，采取委托第三方专业性监督、行业抽查性监督、商业运营性监督、委托第三方水质检测单位等多种方式开展中心城区污水处理与再生水利用设施的运行监管工作。根据运行监管结果，依据特许经营服务协议相关条款的约定，核算和拨付中心城区特许经营设施的运行服务费。郊区排水管理工作主要通过拟订污水处理和再生水利用行业的政策、规程、规范、标准，开展行业运行情况抽查等方式进行行业监督与指导。

为加强北京市农村污水处理和再生水利用设施运营管理，由北京市水务局负责组织实施全市农村污水处理和再生水利用设施运营考核，用于保障农村污水处理设施正常、有效运行；组织相关单位对全市农村污水处理和再生水设施运行情况进行巡查或抽查，根据巡查报告、运营单位运行记录、巡查抽检情况等，核算各区农村污水处理和再生水设施运营补贴。

根据住房和城乡建设部颁布实施的《城镇污水排入排水管网许可管理办法》，凡向城镇排水管网及其附属设施排放污水的单位和个人均需办理城镇污水排入排水管网许可证书。北京市水务局负责中心城区排水许可的办理，并委托北京城市排水集团承担具体办理工作。郊区水务局负责本行政区域内排水许可的办理、监督工作。市级统筹建立中心城区排水户清单，区级摸清核实排水户清单，通过完善排水户清单及宣传告知排水许可制度，提供排水许可受理办理服务，经过排水户申办材料初审，合格后进行现场核查、审核批复，对审定排水户发放排水许可证及电子标签，并进一步开展事后监管，包括属地日常监管、设施水质抽查等措施。

6.3.1.2 排水设施信息

据《北京市水务统计年鉴》，截至 2021 年，北京市共有万吨以上的污水处理厂 75 座，处理能力为 707.9 万 m^3/d，COD 设计削减能力为 110.6 万 t/a，氨氮设计削减能力为 9.9 万 t/a。污水排放量为 225737 万 m^3，其中城镇 211927 万 m^3，农村 13810 万 m^3。污水处理量为 216270 万 m^3，其中城镇 205971 万 m^3，农村 10298 万 m^3。污水处理率达到 95.8%，其中城镇为 97.2%，农村为 74.6%。

根据污水处理厂（再生水厂）运行管理监督相关法规和技术规范，对全市范围内的污水处理厂（再生水厂）的水质、水量、运行状态等安全运行情况进行监督管理，并对相关数据进行统计、分析、研判，为规范安全运行、监督考核、行业监管、应急响应提供决策依据。具体内容包括：①以特许经营协议明确的条款为依据，根据所采集和监测的数据及其分析，实施监督、管理、运行、考核等程序，量化运行效果与绩效考核评估，核定运行服务费用；②对污水处理厂的相关数据进行月度、季度、年度统计分析，包括郊区所属水厂数据汇总统计分析、中心城区水厂数据统计与监督。

针对农村污水处理站，根据《北京市农村污水处理和再生水利用设施运营考核暂行办法》及实际情况，将农村污水处理设施按照污水处理量分为 500t/d 及以上、100～500 t/d、100t/d 以下，针对不同类别的污水设施进行不同项目的监测，包括进口水量、出水水质、耗电量、重点设备运行状态等。

6.3.1.3 排水管网

根据《北京市水务统计年鉴》，截至 2021 年，北京市共有排水管道总长 26852km，其中污水管道长度为 16132km，雨水管道长度为 9212km，雨污合流管道长度为 1508km。汛期合流制溢流污水对河道水质造成的冲击影响，已成为制约北京水环境质量进一步改善的关键因素。

根据排水管网运行监管相关法规和技术规范，对中心城区排水管网运行养护情况进行监督考核，统筹协调防汛及排水应急抢险工作，与市防汛、道路交通、气象、环保及河道管理部门进行业务联动对接；核定管网养护年度工作计划，监督考核公共排水干线、重点区域排水管线、汇水积水区域排水设施养护情况，特别是汛前、汛期运行养护状况的考核评估，动态跟踪管网养护质量和清掏养护指标完成情况并实时通报。对排水管网的现有监督考核内容包括排水管网的疏通、排水管网设施中小修及专项维修、排水管网设施的更新改造、排水管网设施隐患的消除、积水点的治理、排水管网设施的电视检查评定、雨水口的清掏及雨水支管的疏通养护、防坠网的安装及自动警示标示的设置、防汛等排水管网设施作业装备的采购与安装等。

6.3.1.4 排河口

2020 年 7 月，北京市明确了入河排口分类分级、工作思路和流程，以及排查、监测、溯源、清理整治、长效管理等工作具体要求，推动建立"水环境—入河排口—污染源"全链条管理体系，为北京市入河排口精细化、规范化管理提供技术指导。

为统一和规范北京市辖区内河湖水系和水利工程标识标牌的设置和使用，保障工程安全运行，方便市民，提升河湖水系景观环境，促进河湖水系生态保护和工程管理，依据有关法律法规、规章和规范性文件要求，编制了《北京市河湖水系及水利工程标识标牌设置导则》（2019 年 8 月），主要内容有基本规定、标识标牌分类、各标识标牌内容、安装制作等，规定了河湖水系和水利工程标识标牌的分类，各类标识标牌的设计、制作、安装、管理维护的一般要求。目前，北京市在排水系统的建设完善过程中，并未对排河口制作统一、有效、直观的实体标牌或电子具体标识，不利于排河口的日常管理与维护。

6.3.2 智慧排水管理需求分析

6.3.2.1 排水户管理

根据《城镇排水和污水处理排水条例》《城镇污水排入排水管网许可管理办法》及相关要求，需要切实做好污水排入排水管网许可工作，进一步推进排水许可证办理，加强排水许可过程管理以及后续日常监管，实现污水排入排水管网许可的精细化、标准化、规范化管理。需强化排水户管理台账，提高排水许可事中、事后监管程度，增强监管效果，提升政府端和社会端服务效果。

6.3.2.2 污水污泥处理设施监管

基于现有业务系统，针对城镇污水处理厂、村级污水处理站，在污水处理设施运行状况管理、设施在线监测预警、设施巡查及抽查业务管理、设施统计核算分析等业务方面，需要提高设施的运行管理水平，加大行业监管力度，以便及时提供应急响应决策依据，从而提升政府端和企业端服务效果。

在污水污泥处理设施的抽查、巡查报告及工作效率方面，需要强化移动端使用，对第三方定期巡查、监管单位不定期抽查及检查结果，要强化内容展示效果，逐步形成抽查、巡查业务闭环监管，提高污水污泥处理设施日常运行监管能力。

6.3.2.3 排水管网管理

公共排水管网、重点区域排水管线及汇水积水区域的排水设施台账日常管理及分布展示水平有待提升，以进一步提升排水管网的在线监测能力。排水管网巡查管理方式、任务下发及第三方巡检效率有待优化提升，特别是汛前、汛期运行养护状况的考核评估有待加强，从而提高排水管网设施运行情况和应急处置情况的上报效率。需要结合移动端形成排水管网巡查业务流程闭环，进一步提高排水管网现场巡检效率。由于雨污合流导致汛期城镇污水处理厂水质负荷低、水量骤增，基于现有系统，需要强化污水处理厂站跨越溢流监管，提高汛期城镇污水处理厂跨越溢流监管水平。

6.3.2.4 排河口管理

随着点源污染逐步得到控制，面源污染问题逐渐突显。受合流制溢流污染影响，汛期降雨后河道水质达标率较低，成为北京市中心城区水环境治理工作的重点和难点。结合《北京市城市积水内涝防治及溢流污染控制实施方案（2021年—2025年）》工作部署，北京将加快推进中心城区合流制溢流污水调蓄设施的规划和建设，控制合流制溢流污染，降低降雨径流对河道水质的短历时影响，提高降雨过程的正面效应。为强化汛期合流制溢流监管能力，基于现有系统，整合重要合流制排河口溢流分析业务需求。

为加快推进"标识统一、编码规范"的"城市码"体系建设，按照智慧城市建设及"城市码"体系要求，遵循北京"城市码"总体约束，需要推进统一标识、城市二维码规范化，需要建设具有实际效果的排河口二维码场景应用，打通线上线下渠道，提升排河口监管效果。

6.3.3 智慧排水管理设计框架

结合排水管理现状，以排水数据为基础，以业务需求为主线，构建智慧排水业务管理模式，提升污水处理设施、污泥处置设施及排水户监管水平和保障能力，强化对排水管网、水环境业务管理水平。以下主要从排水户、排水设施、排水管网及排河口四个方面进行智慧排水管理设计框架分析。

6.3.3.1 排水户管理

关联用水户信息，通过企业信用代码实现数据关联，对未办理排水许可或排水许可证已过期的用水户实现推送提醒，进行月度、季度及年度数据统计分析。优化排水许可初审前期的收件时间排序及初审时长，根据重新修改提交的现场勘察结果实现自动重新关联许可信息。排水许可数据根据数据逻辑关系分析问题点，统计图表及排水户地图展示。建立中心城区排水户信息与排水设施的相关性，关联排水分区范围，分析排放水体流向，根据数据逻辑建立空间关联关系，强化对大水量、超标排污的排水户监管，减少监管重复性，增加监管效果。

6.3.3.2　排水设施运行状况管理

各类排水设施基本信息管理，包括排水设施编码、标签、管理方、标签维护管理等，按照排水设施类型、行政区划分布、设计规模、管理方等多维度进行信息管理，提高设施基础信息查询效率。提高在线监测数据监管能力，实现趋势统计分析。以行政区划、排水范围为基础，优化城镇污水处理厂数据统计及汇总展示。对污水处理量、水量负荷率等指标实现历史趋势展示，分析实际水量与设计水量的差距，标识水量负荷率偏低的污水处理厂，便于监管单位判断该污水是否有污水调度时可承载的处理余量。农村污水站设置水量计算公式进行计算，对于联村等特殊情况而无计量设施的，通过系统设置填报依据后按照公式核算处理量。

6.3.3.3　排水设施在线监测预警

为提高污水处理设施在线监测预警能力，从设备离线提示、进水水质是否超标、出口水质是否达标等方面进行污水处理设施监测分析与预警，根据污水处理设施出水标准、历史监管数据等指标参数，设置报警方式及报警阈值。通过单指标和多指标联合，判断实现分级别报警，包括重要报警、一般报警，便于筛选重要报警，提高报警处理工作效率。设备离线报警通过报警逻辑管理，实现设备离线提示及设备离线报警处理。水质超标报警通过报警逻辑管理，实现水质超标展示及水质超标处理。

6.3.3.4　排水设施检查业务管理

设施现场检查管理包括第三方定期巡查及监管单位不定期抽查。第三方定期巡查包括巡查管理、巡检信息统计及巡检报告；第三方巡查单位按照系统设置的巡查计划、巡检厂站、巡检内容要求在移动端上填报巡查情况，将存在问题及问题现场图片按照问题类型上传，并且形成整改工单，由中心城区污水处理厂、区水务局进行整改结果跟进及结果上传，从而联动监管单位、第三方查询巡检单位、中心城区污水处理厂、区水务局等多方对排水问题进行闭环管理。监管单位不定期抽查包括抽查信息管理（抽查内容、抽查点及整改工单）。监管单位抽查可根据移动端导航到厂站，上报抽查内容。第三方定期巡查及监管单位不定期抽查结果定期按月、季度、年形成报告，报告格式为数据及图表。在检查结果展示板块，优化巡查、抽查报告展示内容，并对问题台账以及问题进行统计展示。排水设施现场检查业务管理设计框架如图 6.12 所示。

6.3.3.5　排水管网管理设计

排水管网展示查询设计主要实现排水管网设施信息台账及 GIS 数据可视化展示功能和排水管网基础信息更新维护功能，并多维度以图表相结合的方式进行统计展示。排水管网在线监测功能设计主要实现排水集团排水泵站、雨水泵站汇聚数据的可视化展示，以及设备运行状态、雨量、抽升量等实时数据的动态化展示和管理功能。排水管网巡查管理功能设计主要实现巡查任务的创建下达、管网养护的考核评估、巡查结果的统计管理、问题整改的跟踪处理，针对管网养护情况进行年度统计分析，动态跟踪管网养护和清掏养护的完成情况，并多维度以图表相结合的方式进行统计展示。

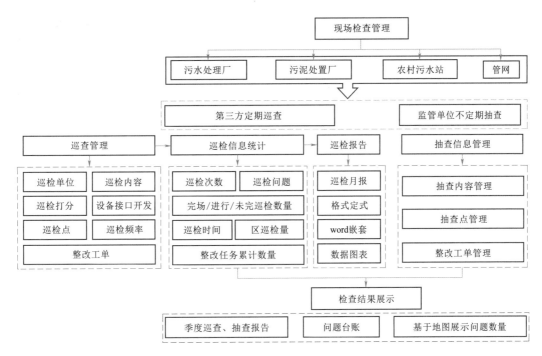

图 6.12 排水设施现场检查业务管理设计框架

汛期跨越监管功能设计通过在线数据监管接入进水流量计实时数据、进水提升泵运行状态、细格栅栅前液位，实现汛期跨越审批流程，结合栅栅前液位、进水提升泵是否全开、雨晴信息专题分析等依据，判断是否打开跨越管阀门。厂前溢流污染功能设计通过接入厂前溢流监测设施数据，实现对监测统计分析、实时监测数据的可视化展示，并根据污染物、污染浓度和污染范围等指标实现厂前溢流污染的统计分析。

6.3.3.6 排河口管理设计

重要排河口溢流功能设计结合重要合流制溢流排河口核查结果，接入排河口溢流监测设施数据，实现溢流情况监测、信息查询与趋势分析。主要包括管道排河口和重要合流溢流排河口水质监测数据的统计分析，并对各考核断面水质监测结果进行数据管理和趋势分析，实现重要排河口溢流污染的智慧化管控。

排河口水务码编码遵循《城市码编码与应用规范 第 2 部分：城市二维码》（DB11/T 1917.2—2021）的总体要求及编码结构，码身份标识中的身份编码由 5 个部分组成，具体包括水务对象编码、长度编码、行政区划代码、流域代码和身份代码。总体编码长度按照《北京城市码建设指导意见》中码身份标识部分要求制定，水务对象唯一标识编制规范格式一共 32 位。依据排河口的身份代码编码规则及方法，经过发码申请、发码授权、编码规则配置及规则确认等流程，逐步完成排河口台账的编码、制码和转码，进而转化成"一对一"二维码。通过扫描标识牌上的二维码，市民可以清楚地了解排河口的基本信息。如图 6.13 所示，包括排河口编号、排河口所在的河道名称、排水体制（雨水、污水、合流）、排河口规格、管理单位、监督电话，填报投诉举报反馈表，描述现场情况及上传排河口现场照片，从而进一步满足民众监督诉求，拓宽公众评价渠道。

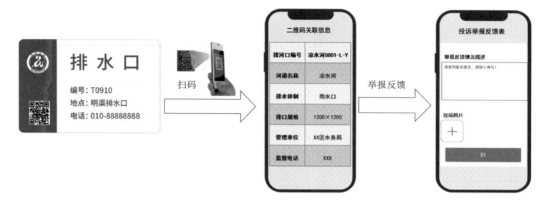

图 6.13　排河口二维码扫码示意

6.4　厂网河一体化调控的设想

随着城市水环境治理体系的日益复杂，排水系统的动态性、多目标和不确定性逐渐被认识。但排水系统通常是在静态条件下设计，并在静态规则下运行的，这就造成了传统运行方式在应对复杂多变的环境时，要么设施无法充分发挥作用造成资源浪费，要么设施能力不足导致合流制管网溢流（CSO）和内涝，也有些情况是在同一系统内，部分设施不能充分发挥作用的同时其他设施已超出负荷。因此，亟须找到一种动态的控制方式，充分利用现有设施实现 CSO 削减和内涝控制等目标，为解决城市排水问题提供智能化方案。工程实践和研究表明，排水系统实时控制（real time control，RTC）是优化城市排水系统运行的可行方式。排水系统实时控制广义上可定义为在降雨和旱流工况下，根据在线实时测量数据动态调整设备的运行从而达到操作目标的系统。实时控制是减少合流制管网溢流的一种方式，通常通过一系列控制策略如调节系统中泵、闸门、堰等的工作状态，使排水系统中已有的存储设施得到更好地利用并优化系统存储容量和系统调度。

6.4.1　排水系统概述及其发展历程

6.4.1.1　RTC 概述

排水系统实时控制（RTC）是在排水系统运行过程中，在线监测关键节点的重要过程变量（如降雨量、液位、流量、水质等），依据监测数据、在线模型动态调整控制策略，通过控制设备（阀门、水泵、截流井等执行器）对排水设施及污水处理厂运行进行实时干预，实现网、厂、河最优能力匹配，进而提高整个排水系统运行效率的优化控制方式。一般来说，排水系统 RTC 系统由感知层（各类变量的传感器，包括预测信息）、数据层（各类感知层获取的数据）、控制层（控制中心）和执行层（控制设备）等硬件要素和控制模型、控制算法以及降雨预测等软件要素组成，具体组成框架如图 6.14 所示。

6.4.1.2　国外发展历程

20 世纪 60 年代，排水系统 RTC 开始在美国应用；1983 年，第一个 RTC 全自动系统在荷兰开始运行，10 年后第一个包含在线最优化的控制策略在丹麦的奥尔堡投入运行。

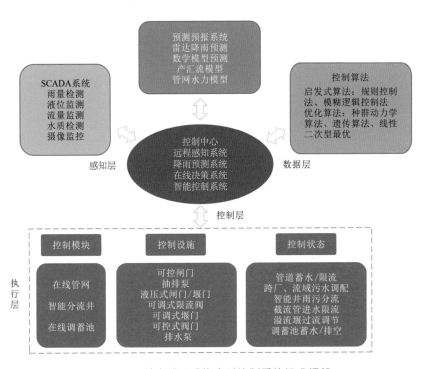

图 6.14 城市排水设施实时控制系统组成框架

如今，随着计算机、通信、仪器以及自动化的发展，RTC 已经得到了广泛应用。目前，大多数西欧国家都运用了 RTC，尤其是在斯堪的纳维亚半岛和法国，涉及先进控制技术（如降雨预报、在线模型、在线最优化和集成控制）的 RTC 系统也已经投入使用。丹麦哥本哈根在 20 世纪 90 年代首次在其城市西部排水系统中实施 RTC，其在管道关键部位安装闸门和带有逻辑运算能力的控制器，根据降雨量和下游管网水位来控制闸门启闭，尽可能使下游不发生溢流，结果证明实践是成功的，自那时起，哥本哈根继续在排水系统的其他部分实施 RTC。如今，哥本哈根的排水系统通过安装闸门和添加基于规则的控制，使 CSO 减少了 80%，排空时间从 40h 减少到 2~3h。加拿大魁北克排水系统从 1999 年建成之初就是一个多目标的全局优化 RTC 系统。魁北克排水系统对 3 条截流干管和两条排水管道进行在线控制，控制中心接收来自 17 个传感器的数据，并将制定好的设定值下发至 5 个可控闸门的控制站，通过对截污干管、排水管道和污水处理厂流量的优化，RTC 系统在 2000 年单场降雨的溢流量削减率可达 40%~100%，系统 CSO 削减率可达 70%。德国威廉港实施并投入运行基于模糊控制的集成 RTC 系统，该系统结合了对排水系统网络的全局控制，以减少 CSO 的频率和数量，并控制污水处理厂的入流，以最佳方式利用现有的处理能力，将 CSO 的溢流频率降低 23%，CSO 体积减少 25%，溢出量减少 40%。西班牙的巴达洛纳提出了一种基于污染的综合 RTC 方法，同时考虑多目标的质量和数量动态，选择模型预测控制（MPC）作为最优控制方法，以减轻 CSO 污染对生态系统的影响，并提出了一种反馈协调算法，采用闭环虚拟现实模拟器对 MPC 优化管理方法的效果进行评估。通过 RTC 对溢流量和水质同时考量，不仅使污水处理厂的处理能力提高 33%，城市内涝减少 28%，并且使污染负荷减少 20%，从而更好地保护水体环境。国外研究表明，实施排水系统 RTC 能够充分有效地利用城市现有的水务资源，使城市中的黑臭水体问题得到极大改善，以其为核心的智慧化的水务系统能有效提高污水处理厂和污水管网的精细化管理水平，保证污水处理系统的稳定性，提高污水处理效率，实现节能降耗、节能减排等重要功能。

6.4.1.3　国内发展历程

《国务院办公厅关于加强城市内涝治理的实施意见》（国办发〔2021〕11 号，以下简称《实施意见》），提出建立健全城区水系、排水管网与周边江河湖海、水库等"联排联调"运行管理模式；加强统筹调度，根据气象预警信息科学合理及时做好河湖、水库、排水管网、调蓄设施的预腾空或预降水位工作。《实施意见》为国内开展排水系统 RTC 的应用提供了政策支持。

实际上，北京市早在 2010 年就率先在国内同行业中提出了"厂网一体化"运营的概念，经过不断地研究和实践，初步形成了"水质保障、水量均衡、水位预调"三种"厂网一体化"运营管理模式。2015 年，宁波市构建了一整套从管网运维、泵站排水到污水处理厂水处理全过程监控的智慧排水管理系统，并于主汛期到来之前正式投用。在整个"灿鸿"台风期间，整个智慧排水系统始终运行稳定、各种信息高度融合共享、控制精准、指挥顺畅高效，承受住了实战的考验。保定市于 2012 年建成数字化信息管理系统，并经不断完善升级，至今实现了对下辖的 3 座污水处理厂、18 座道桥泵站、7 座污水泵站运行数据的采集及远程控制。该系统的投入运行使得日常管理更加便捷，实现了保定市排水管理的数字化。温州市在开展市区范围内排水管线普查工作的同时，利用 GIS、自动化设备、远程监测和无线传输等技术，在"大脑中枢"——调度中心搭建排水"数字化"管理平台，该平台以排水 GIS 系统、水位远程监测系统、泵站自动化系统、路面积水监控系统、移动指挥系统和排水案卷处置系统等为主，基本实现了集物联网、大数据、云计算及互联网移动应用为核心架构的智慧化综合管理。此外，管网、工艺模型的运用使得智慧排水系统能够实现基于采集信息之上的进一步分析、预测并提出解决方案。福州市基于智慧化手段和城市水风险管控综合决策技术，依托城区水系科学调度系统，实现全城水系联排联调与智慧管理。2018 年以来，该系统应对了每年的台风和 100 多场强降雨，排水防涝应急处置效率提高了 50%，内河调蓄效益提高了 30%。

排水系统 RTC 具有明显的经济和环境效益。大量实际的工程案例已经证明 RTC 系统具有提高单体设施使用效能、减少系统污染水平、降低城市内涝风险、提升污水处理厂运行稳定性、减少系统建设和运维投资、提升水体水质等综合效应。

6.4.2　排水系统 RTC 国内应用展望

尽管我国排水系统 RTC 已经有成功案例，但在全国范围内并没有推广应用。主要存在以下几个制约因素：

（1）排水系统的本底尚不清晰。我国排水设施的管理相对薄弱，重建轻管的问题依然存在。多个建设主体建设的排水设施无统一管理部门，开展排水设施普查又是一件极其耗费时间和资金的事情，因此，多数城市排水设施本底情况并不清晰，从而导致有技术但不敢应用的情况出现。

（2）排水系统的软硬件尚不完善。当前排水设施 RTC 主要以水量调控为主，液位和流量监测硬件也比较成熟，精度可以满足调控需要。但是未来 RTC 关注重点必然拓展到水量和水质协同调度，这对于合流制系统中严苛环境下的污染物在线监测是一个巨大的挑战。目前，水质传感器的稳定性和精度仍需要提升。此外，国内尚缺乏具有自主知识产权的"厂网河"一体化调度模型和优化算法，RTC 时效性得不到保证。

（3）技术的应用需要多部门协同。RTC 需要排水泵站、管网、污水处理厂和河道协同调度，但是多数城市厂网与河道的管理部门并不一致，有时候涉及两个或多个部门，这对此项技术的应用提出了极大挑战。例如福州市针对涉水部门多，没有形成统一调度，影响协调便利性、通畅性的短板，于 2017 年成立联排联调中心，城区内河水系治理和内涝防治从"九龙治水"向"统一作战"转型。涉水三大部门、五个单位紧密联合，一套预案、统一调度，让治水工作"一竿子插到底"，发挥了"1＋1＞2"的整体效益。由此可见，RTC 技术的应用还需要相关机制保障。

综上，尽管 RTC 技术拥有许多优势，但是基于我国排水系统现状，尤其是排水管网高水位运行、排水设施运行维护不到位的现状，RTC 的实施仍面临一些挑战。因此，开展排水系统提质增效，同步开展 RTC 的评估和设计，是大部分城市开展 RTC 的前提。但是，无论从投资成本控制还是提升生态环境效益等方面考虑，RTC 的相关工作都应该尽早启动，从而避免不合理的排水系统建设方案对日后 RTC 的设计和实施造成困难，增加改造成本。

参 考 文 献

[1] 中华人民共和国生态环境部. 土壤环境质量建设用地土壤污染风险管控标准：GB 36600—2018 [S]. 北京：中国标准出版社，2018.

[2] 中华人民共和国住房和城乡建设部. 城镇污水处理厂污泥处置　园林绿化用泥质：GB/T 23486—2009 [S]. 北京：中国标准出版社，2009.

[3] 北京市环境保护局. 水污染物综合排放标准：DB 11/307—2013 [S]. 北京：中国标准出版社，2013.

[4] 中华人民共和国住房和城乡建设部. 城镇排水管道维护安全技术规程：CJJ 6—2009 [S]. 北京：中国建筑工业出版社，2009.

[5] 中华人民共和国住房和城乡建设部. 城镇排水管渠与泵站运行、维护及安全技术规程：CJJ 68—2016 [S]. 北京：中国建筑工业出版社，2016.

[6] 环境保护部、国家质量监督检验检疫总局. 环境空气质量标准：GB 3095—2012 [S]. 北京：环境保护部、国家质量监督检验检疫总局，2012.

[7] 生态环境部. 2018 中国生态环境状况公报 [R]. 2019.05.22

[8] 董哲仁，等. 河流生态修复 [M]. 北京：中国水利水电出版社，2013.

[9] 李其军，王理许，陈建新，等. 水源涵养型城市生态下垫面构建技术研究 [M]. 北京：中国水利水电出版社，2014.

[10] 张书函，孟莹莹，陈建刚，等. 海绵城市建设之城市道路雨水生物滞留技术研究 [M]. 北京：中国水利水电出版社，2017.

[11] 潘兴瑶，杨默远，于磊，等. 海绵城市水文响应机理研究 [M]. 北京：中国水利水电出版社，2022.

[12] 于磊，王丽晶，周星，等. 合流制溢流模拟分析技术研究 [M]. 北京：中国水利水电出版社，2022.

[13] 潘安军，张书函，陈建刚，等. 城市雨水综合利用技术研究与应用 [M]. 北京：中国水利水电出版社，2010.

[14] 孟庆义，李其军，王培京，等. 温榆河流域污染源控制技术研究 [M]. 北京：中国水利水电出版社，2010.

[15] 聂桂生，谢玫，靳向兰，等. 北京城市用水系统的水资源—环境—经济投入产出模型的研究 [J]. 数量经济技术经济研究，1986 (11)：52 - 58，7.

[16] 吴丹子. 河段尺度下的城市渠化河道近自然化策略研究 [J]. 风景园林，2018，25 (12)：99 - 104.

[17] 顾晶. 城市水利基础设施的景观化研究与实践 [D]. 杭州：浙江农林大学，2014.

[18] 梁尧钦，梅娟. 人水共生视角下城市河流生态修复研究与实践 [J]. 人民黄河，2022，44 (2)：89 - 93，99.

[19] 朱萌，钟胜财，郑小燕，等. 上海宝山区老市河城市河道水生态修复实践应用 [J]. 环境生态学，2021，3 (4)：67 - 72.

[20] 纪俊双. 资源性缺水地区城市行洪河道生态修复目标和途径——以滹沱河生态修复工程为例 [J]. 河北水利，2021 (2)：13，15.

[21] 李志伟. 健康河流城市河道生态修复的研究与分析 [J]. 河北水利，2020 (9)：37，46.

[22]　于子铖. 河道适宜蜿蜒度的研究与分析 [D]. 保定：河北农业大学，2019.

[23]　杨兰琴，樊华，赵媛，等. 北方河道清淤判定及深度初探 [J]. 水利规划与设计，2021 (6)：88-93，136.

[24]　杨兰琴，胡明，王培京，等. 北京市中坝河底泥污染特征及生态风险评价 [J]. 环境科学学报，2021，41 (1)：181-189.

[25]　张家铭，李炳华，毕二平，等. 北运河流域（北京段）沉积物中 PAHs 污染特征与风险评估 [J]. 环境科学研究，2019，32 (11)：1852-1860.

[26]　胡明，薛娇，严玉林，等. 北京市特征河流沉积物重金属污染评价与来源解析 [J]. 中国给水排水，2021，37 (23)：73-81.

[27]　邢露露. 城市河道弹性防洪景观规划和设计途径研究 [D]. 北京：北京林业大学，2019.

[28]　于磊，黄瑞晶，李容，等. 基于河道纳污能力的北运河城市副中心段合流制溢流污染控制研究 [J/OL]. 河海大学学报（自然科学版）：1-11 [2022-09-07].

[29]　汪健. 合流制排水系统污染处理技术探析 [J]. 环境工程，2022，40 (7)：259.

[30]　海永龙，郁达伟，刘志红，等. 北运河上游合流制管网溢流污染特性研究 [J]. 环境科学学报，2020，40 (8)：2785-2794.

[31]　李兆欣，赵斌斌，顾永钢，等. 北京典型再生水补水型河道水质变化分析 [J]. 北京水务，2016 (5)：17-20.

[32]　北京市水文总站. 2021 年北京市水生态监测及健康评价报告 [A]. 北京：北京市水文总站. 2021.

[33]　吴丹子. 城市河道近自然化研究 [D]. 北京：北京林业大学，2015.

[34]　李莲芳，曾希柏，李国学，等. 北京市温榆河沉积物的重金属污染风险评价 [J]. 环境科学学报，2007 (2)：289-297.

[35]　楼春华，何春利，赵鹏，等. 北京城区河流沉水植物分布特征及环境因子关系研究 [J]. 北京水务，2021 (4)：61-65.

[36]　陆中央. 试论年径流量系列的还原计算 [J]. 河北水利科技，2001 (1)：1-6.

[37]　王巧平. 天然年径流量系列一致性修正方法的改进 [J]. 水利规划与设计，2003 (2)：38-40.

[38]　杨井，郭生练，王金星，等. 基于 GIS 的分布式月水量平衡模型及其应用 [J]. 武汉大学学报（工学版）. 2002 (4)：22-26.

[39]　李建峰. 基于 GIS 的流域水资源数量评价方法及应用研究 [D]. 郑州：郑州大学，2005.

[40]　董斯扬，薛娴，尤全刚，等. 近 40 年青藏高原湖泊面积变化遥感分析 [J]. 湖泊科学，2014，26 (4)：535-544.

[41]　陆家驹，李士鸿. TM 资料水体识别技术的改进 [J]. 环境遥感，1992 (1)：17-23.

[42]　王航，秦奋. 遥感影像水体提取研究综述 [J]. 测绘科学，2018，43 (5)：23-32.

[43]　韩昭庆，韦凯. 近 70 年来中国河湖水系变迁研究述评 [J]. 中国历史地理论丛，2022，37 (1)：127-139，149.

[44]　郑兴灿，何强，陈一等. 城市河湖水体综合整治与品质提升技术研究及示范应用 [J]. 中国给水排水，2022，38 (10)：1-9.

[45]　李岱. 北京城市河湖水华防治措施效果研究 [D]. 北京：清华大学，2017.

[46]　王钦. 玉渊潭及太湖沉积物氮磷及金属年际变化及其影响研究 [D]. 长春：吉林大学，2008.

[47]　马东春，果天廓. 北京水文化与城市发展研究 [J]. 水利发展研究，2020，20 (8)：69-73.

[48]　北京市水务局. 北京水资源保护和水环境治理取得阶段性明显成效 [J]. 北京人大，2019 (5)：19-21.

[49]　北京市水务局. 地表水水质数据 [EB/OL]. (2021-08-01) [2021-11-01].

[50]　易忠，张瑞. 北京市城市河湖生态治理发展与对策 [J]. 北京水务，2022，226 (5)：27-31.

[51] 韩金龙，杨兰琴，王培京，等. 北京通惠河底泥重金属风险评价及溯源 [J]. 人民黄河，2022，44（4）：107 - 111.

[52] 龚杰. 主城区河道清淤模式探讨 [J]. 建材与装饰，2019，587（26）：288 - 289.

[53] 虎彩娇，李锦伦，王祖武，等. 黄石市大气 PM10 和 PM2.5 质量浓度特征研究 [J]. 气象与环境学报. 2019，35（4）：40 - 46.

[54] 乔宝文，刘子锐，胡波，等. 北京冬季 PM2.5 中金属元素浓度特征和来源分析 [J]. 环境科学. 2017，38（3）：876 - 883.

[55] 李嘉绮，李秀丽，杨迪菲，等. 上海浦东地区冬季大气 PM2.5 和 PM10 污染特征分析 [J]. 上海第二工业大学学报. 2015，32（4）：283 - 289.

[56] 陈源，谢绍东，罗彬，等. 重庆市主城区大气细颗粒物污染特征与来源解析 [J]. 环境科学学报. 2017，37（7）：2420 - 2430.

[57] 田莎莎，张显，卞思思，等. 沈阳市 PM2.5 污染组分特征及其来源解析 [J]. 中国环境科学. 2019，39（2）：487 - 496.

[58] 王胜艳，陈小丽，徐彬. 泰州市主城区王庄河黑臭河道生物治理与生态修复 [J]. 治淮，2018，475（3）：14 - 16.

[59] 史瑞君，陈静，金泽康，等. 底泥洗脱原位修复污染河道的治理效果 [J]. 北京水务，2019，207（4）：10 - 14.

[60] 邓文澜. 基于底泥原位稳定与生物过滤联动的污染河道修复技术 [J]. 绿色科技，2022，24（12）：75 - 77，80.

[61] 杨兰琴，常松，王培京，等. 通州区小中河淤泥资源化利用评价 [J]. 北京水务，2020，214（5）：23 - 27.

[62] 李敏，张冠卿，张会文，等. 不同污染类型底泥处理方式研究 [J]. 人民黄河，2021，43（1）：103 - 108.

[63] 范洪凯，张晓蕊，董姣，等. 河流底泥污染控制与修复 [J]. 皮革制作与环保科技，2022，3（10）：97 - 99.

[64] 薄涛，季民. 内源污染控制技术研究进展 [J]. 生态环境学报，2017，26（3）：514 - 521.

[65] 刘琲，韩文杰. 河湖清淤底泥处理工艺 [J]. 珠江水运，2023，573（5）：50 - 52.

[66] 刘存辉，吕海江，张关超，等. 城市河湖真空负压罩吸清淤方法及系统 [P]. 北京市：CN114561984A，2022 - 05 - 31.

[67] 魏清福，邵晓静，蔡杰，等. 无锡锡山区宛山湖底泥污染及生态清淤研究 [J]. 环境工程，2023，41（1）：173 - 180.

[68] 夏文林，黄伟. 黑臭水体综合治理工程中河道底泥清淤深度的确定 [J]. 中国给水排水，2022，38（6）：44 - 47.

[69] 赵娟娟，奚冉. 基于资源化利用的河湖淤泥生态治理技术 [J]. 山东水利，2022，281（4）：77 - 78.

[70] 孙即梁. 基于淤泥原位资源化理念的硬质驳岸生态化改造初探——以崇明岛八字桥河生态护岸工程为例 [J]. 中国水运（下半月），2022，22（8）：75 - 77.

[71] 俞毅，方丽春，张凯，等. 河道淤泥制备免烧砖试验研究 [J]. 新型建筑材料，2021，48（2）：150 - 153.

[72] 施鹏，杨政险，张勇，等. 不同淤泥掺量免烧砖在碱粉煤灰矿渣体系下的性能研究 [J]. 新型建筑材料，2020，47（9）：40 - 44.

[73] 陈颖，黄媚，刘阳杰，等. 利用河道淤泥制备淤泥固化免烧砖的试验研究 [J]. 福建建材，2019，218（6）：6 - 7，16.

[74] 李启华，丁天庭，陈树东. 免烧淤泥砖的设计制备优化及抗冻性能研究 [J]. 硅酸盐通报，2016，35（9）：3036 - 3040.

[75] 项建国，陈树东，佘伟，等. 淤泥-石灰-粉煤灰免烧砖制备与性能研究 [J]. 硅酸盐通报，2014，33（10）：2706-2709.

[76] 张云升，倪紫威，李广燕. 免烧淤泥砖的力学性能与微观结构 [J]. 建筑材料学报，2013，16（2）：298-305.

[77] 刘德志，王晓磊，李军，等. 水库底泥制备免烧砖试验研究 [J]. 新型建筑材料，2022，49（6）：37-39，75.

[78] 尹海龙，张惠瑾，徐祖信. 城市排水系统智慧决策技术研究综述 [J]. 同济大学学报（自然科学版），2021，49（10）：1426-1434.

[79] 赵泉中，张强，杨志勇，等. 扬州市智慧排水安全综合监管平台设计与实践 [J]. 水利信息化，2022（4）：82-87.

[80] 北京市水务局. 北京市水务统计年鉴 [A]. 2021.

[81] 北京市水务局. 北京市河湖水系及水利工程标识标牌设置导则 [A]. 2019.

[82] 王哲，谢杰，谢强，等. 透水铺装地面滞蓄净化城镇雨水径流研究进展 [J]. 环境科学与技术，2013，36（12M）：138-143.

[83] 秦余朝. 城市典型透水铺装地面径流减控与污染物削减效果研究 [D]. 西安：西安理工大学，2017.

[84] 赵飞，陈建刚，张书函，等. 透水铺装地面降雨产流模型研究 [J]. 给水排水，2010，36（5）：154-159.

[85] 孟莹莹，陈建刚，王会肖，等. 北京市道路积雪污染及特性研究 [J]. 环境保护科学，2015，41（2）：32-37.

[86] 殷瑞雪，孟莹莹，张书函，等. 生物滞留池的产流规律模拟研究 [J]. 水文，2015，35（2）：28-32.

[87] 孟莹莹，殷瑞雪，张书函，等. 生物滞留措施排水系统设计方法研究 [J]. 中国给水排水，2015，31（9）：135-138.

[88] 陈建刚，张书函，王海潮，等. 北京城区内涝积滞水成因分析与对策建议 [J]. 水利水电技术，2015，46（6）：34-36.

[89] 赵芮，张书函，陈建刚，等. 校园低影响开发雨水系统应用案例研究 [J]. 中国防汛抗旱，2015，25（5）：80-82.

[90] 高晓丽，张书函，肖娟，等. 雨水生物滞留设施中填料的研究进展 [J]. 中国给水排水，2015，31（20）：17-21.

[91] 孟莹莹，王会肖，张书函，等. 生物滞留雨洪管理措施的植物适宜性评价 [J]. 中国给水排水，2015，31（23）：142-145.

[92] 张书函，申红彬，陈建刚. 城市雨水调控排放在海绵型小区中的应用 [J]. 北京水务，2016（2）：1-5.

[93] 申红彬，徐宗学，张书函. 流域坡面汇流研究现状述评 [J]. 水科学进展，2016，27（3）：467-475.

[94] 申红彬，徐宗学，李其军，等. 基于 Nash 瞬时单位线法的渗透坡面汇流模拟 [J]. 水利学报，2016，47（5）：708-713.

[95] 张书函，殷瑞雪，潘姣，等. 典型海绵城市建设措施的径流减控效果 [J]. 建设科技，2017（1）：20-23.

[96] 顾永钢，吴晓辉，李兆欣，等. 潮白河再生水受水区水体水质沿程变化规律研究 [J]. 北京水务，2017（1）：29-35.

[97] 魏小燕，毕华兴，李敏，等. 城市高羊茅草坪绿地水沙调控效应 [J]. 水土保持学报，2017，31（3）：45-50.

［98］ 李坤娜，张书函，孟莹莹，等. 生物滞留槽的径流污染削减特性试验研究［J］. 北京水务，2017（6）：1-6.

［99］ 龚应安，陈建刚，赵飞，等. 城市硬化地面增渗减流技术研究［J］. 中国给水排水，2018，34（1）：103-105，109.

［100］ 张宇，孙仕军，张书函，等. 低影响开发模式下住宅小区年径流总量控制率［J］. 科学技术与工程，2018，18（10）：273-278.

［101］ 张书函，张宇，孙仕军，等. 海绵城市建设小区雨水综合利用效果评价研究［J］. 北京水务，2018（3）：53-59.

［102］ 孟莹莹，王会肖，张书函. 生物滞留设施规模设计方法研究［J］. 水文，2018，38（3）：7-12.

［103］ 申红彬，张书函，徐宗学. 北京未来科技城 LID 分块配置与径流削减效果监测［J］. 水利学报，2018，49（8）：937-944.

［104］ 孟莹莹，陈茂福，张书函. 植草沟滞蓄城市道路雨水的试验及模拟［J］. 水科学进展，2018，29（5）：636-644.

［105］ 郑志宏，段晓涵，赵飞. 基于暴雨洪水管理模型的低影响开发设施应用研究［J］. 水利水电技术，2018，49（9）：32-40.

［106］ 李永坤，薛联青，邱苏闽，等. 基于 Infoworks ICM 模型的典型海绵措施径流减控效果评估［J］. 河海大学学报（自然科学版），2020，48（5）：398-405.

［107］ 申红彬，徐宗学，张书函，等. 不同汇流关系 LID 降雨控制方式分析检验［J］. 水利学报，2019，50（5）：578-588.

［108］ 张书函. 城市地表径流减控与面源污染削减技术研究［C］ //北京市水科学技术研究院. 北京水问题研究与实践（2018年）. 北京：中国水利水电出版社，2019：196-205.

［109］ 蔡欢欢，张书函，刘丽丽，等. 绿化屋顶及滞蓄屋顶的径流水量调控效果试验研究［J］. 华北水利水电大学学报（自然科学版），2019，40（3）：48-53.

［110］ 张宇航，于磊，马盼盼，等. 基于支持向量机的合流制溢流判别方法及应用［J］. 水电能源科学，2019，37（6）：87-90.

［111］ 张宇航，杨默远，潘兴瑶，等. 降雨场次划分方法对降雨控制率的影响分析［J］. 中国给水排水，2019，35（13）：122-127.

［112］ 于磊，马盼盼，潘兴瑶，等. 海绵城市源头措施对合流制溢流的减控效果研究［J］. 北京师范大学学报（自然科学版），2019，55（4）：476-480.

［113］ 杨默远，张书函，潘兴瑶. 绿化屋顶径流减控效果的监测分析［J］. 中国给水排水，2019，35（15）：134-138.

［114］ 申红彬，徐宗学，张勤，等. 植草沟径流颗粒污染物削减效应监测与相关性分析［J］. 北京师范大学学报（自然科学版），2019，55（5）：641-647.

［115］ 于磊，潘兴瑶，马盼盼，等. 北京雨水管控体系下年径流总量控制率实现效果分析［J］. 中国给水排水，2019，35（19）：121-125.

［116］ 李波，于磊，潘兴瑶，等. 北京城市副中心道路污染累积负荷特征研究［J］. 北京水务，2019（5）：19-24.

［117］ 杨默远，潘兴瑶，刘洪禄，等. 考虑场次降雨年际变化特征的年径流总量控制率准确核算［J］. 水利学报，2019，50（12）：1510-1517，1528.

［118］ 李尤，邱苏闽，潘兴瑶，等. 基于改进层次分析法的 LID 空间布局优化研究［J］. 中国给水排水，2020，36（23）：113-120.

［119］ 张书函，任德福，王美荣，等. 城市汇水区流量径流系数确定法研究［J］. 北京水务，2020（1）：7-11.

［120］ 申红彬，徐宗学，张书函，等. 绿化屋顶降雨径流削减效果监测与过程模拟［J］. 农业工程学

报，2020，36（5）：175 - 181.

[121] 张强，王美荣，张书函，等. 城市降雨径流监测自动采样技术研发与应用 [J]. 环境工程，2020，38（4）：141 - 144，150.

[122] 宫永伟，刘伟勋，于磊，等. 合流制溢流控制系统的多目标优化 [J]. 环境工程，2020，38（4）：128 - 133.

[123] 李宝，于磊，潘兴瑶，等. 北京市通州区降雨时空特征分析 [J]. 北京师范大学学报（自然科学版），2020，56（4）：566 - 572.

[124] 于磊，蔡殿卿，李佳. 北京国家海绵城市试点过程管控模式探讨 [J]. 北京水务，2020（3）：14 - 19.

[125] 龚应安，张君莹，赵飞. 北京市典型庭院海绵改造工程及效果分析 [J]. 北京水务，2020（3）：60 - 62.

[126] 张书函，王俊文，张岑. 北京市《海绵城市建设效果监测与评估规范》解读 [J]. 北京水务，2020（3）：49 - 54.

[127] 王佳，李玉臣，顾永钢，等. 受污染河道原位修复技术研究进展 [J]. 北京水务，2020（4）：40 - 44.

[128] 严玉林. 北运河底泥污染物评价及资源化利用研究 [J]. 人民珠江，2020，41（8）：132 - 138.

[129] 杨默远，潘兴瑶，刘洪禄，等. 基于文献数据再分析的中国城市面源污染规律研究 [J]. 生态环境学报，2020，29（8）：1634 - 1644.

[130] 史秀芳，卢亚静，潘兴瑶，等. 合流制溢流污染控制技术、管理与政策研究进展 [J]. 给水排水，2020，56（S1）：740 - 747.

[131] 李昌，张新，赵龙，等. 基于 Ecopath 模型的密云水库生态系统结构与物质流动特征 [J]. 生物资源，2021，43（3）：292 - 302.

[132] 王佳，顾永钢，王昊，等. 沉水植物组合对受污染河水的净化与维护效果 [J]. 人民黄河，2022，44（1）：100 - 105.

[133] 严玉林，王培京. 浅层含水层新型污染物降解因素分析 [J]. 净水技术，2021，40（6）：6 - 12，20.

[134] 宗星宇，任秀芳，张书函，等. 城市道路降雨积水深度变化规律模拟研究 [J]. 中国防汛抗旱，2021，31（7）：7 - 11.

[135] 欧阳友，潘兴瑶，张书函，等. 典型海绵设施水循环过程综合实验场构建 [J]. 中国给水排水，2022，38（2）：132 - 138.

[136] 杨兰琴，张武来，郝连柱，等. 潮白河补水过程淤泥污染释放试验及其影响研究 [J]. 北京水务，2021（6）：47 - 51.

[137] 张蕾，郭硕，晁春国，等. 北京城市副中心新建景观水体的水生态环境变化规律 [J]. 环境科学研究，2022，35（4）：989 - 998.

[138] 卢亚静，胡方旭，肖志明，等. 基于特征参数的年径流总量控制率计算方法构建 [J]. 中国给水排水，2022，38（13）：124 - 131.

[139] 陈艾婷，王培京，于妍，等. 北京地区场次降雨氮、磷湿沉降特征 [J]. 中国给水排水，2022，38（13）：132 - 138.

[140] 赵飞，张书函，桑非凡，等. 透水砖铺装系统产流特征研究 [J]. 中国给水排水，2022，38（15）：133 - 138.

[141] Lv W，Yu Q，Yu W. Water extraction in SAR images using GLCM and Support vector Machine [C]. 2010.

[142] Shuhan Zhang，Yingying Meng，Jiao Pan，et al. Pollutant reduction effectiveness of low - impact development drainage system in a campus [J]. Frontiers of Environmental Science & Engineer-

ing, 2017, 11 (4).

[143] Shuhan Zhang, Yongkun Li, Meihong Ma, et al. Storm Water Management and Flood Control in Sponge City Construction of Beijing [J]. Water, 2018, 10 (8).

[144] Yongwei Gong, Ye Chen, Lei Yu, et al. Effectiveness Analysis of Systematic Combined Sewer Overflow Control Schemes in the Sponge City Pilot Area of Beijing [J]. International Journal of Environmental Research and Public Health, 2019, 16 (9).

[145] Wang Jia, Gu Yonggang, Wang Hao, et al. Investigation on the treatment effect of slope wetland on pollutants under different hydraulic retention times. [J]. Environmental science and pollution research international, 2020.

[146] Wang Jia, Wu Shuangrong, Yang Qi, et al. Performance and mechanism of the in situ restoration effect on VHCs in the polluted river water based on the orthogonal experiment: photosynthetic fluorescence characteristics and microbial community analysis [J]. Environmental Science and Pollution Research, 2022, 29 (28).

[147] Yu Lei, Yan Yulin, Pan Xingyao, et al. Research on the Comprehensive Regulation Method of Combined Sewer Overflow Based on Synchronous Monitoring—A Case Study [J]. Water, 2022, 14 (19).